园林制图与识图

普通高等教育高职高专园林景观类『十二五』规划教材

主　编　陈锦忠　高阳林

副主编　张晓红　陈　婕　刘新环

　　　　温明霞　马弘跃

中国水利水电出版社
www.waterpub.com.cn

内 容 提 要

"园林制图与识图"是园林类专业中一门重要的专业技术技能课程。本教材共设有八个项目作为教学单元，其主要任务是培养学生较强的识图能力和规范的手工作图能力，要求学生掌握园林作图工具的使用，理解投影的基本原理，能够灵活应用投影原理绘制园林设计平面图、立面图、剖面图、断面图、效果图及园林设计施工图。

本教材特点是：依据培养高技能型园林专业人才的具体要求，本着学会基础知识，完善专业素养，培养岗位基本技能为原则，突出实用性，注重与园林设计、园林建筑等专业课程紧密结合；以工作任务为导向，注重解决问题的同时，对理论的阐述以够用为原则；逐步引导深入学习，注重循序渐进的教学规律；适应高职教材改革的要求，实现项目教学；大量选用已实施的园林设计方案图样，与真实园林建设工作环境结合紧密。

本书可作为高职高专院校园林工程技术、园林技术专业及相关专业教材，也可供园林工程设计人员阅读的参考资料。

图书在版编目（CIP）数据

园林制图与识图/陈锦忠，高阳林主编 . —北京：中国水利水电出版社，2014.5（2023.7 重印）
普通高等教育（高职高专）园林景观类"十二五"规划教材
ISBN 978 - 7 - 5170 - 2085 - 1

Ⅰ.①园… Ⅱ.①陈…②高… Ⅲ.①造园林-制图-高等职业教育-教材②造园林-识图-高等职业教育-教材 Ⅳ.①TU986.2

中国版本图书馆 CIP 数据核字（2014）第 117965 号

书　　名	普通高等教育高职高专园林景观类"十二五"规划教材 **园林制图与识图**
作　　者	主　编　陈锦忠　高阳林 副主编　张晓红　陈婕　刘新环　温明霞　马弘跃
出版发行	中国水利水电出版社 （北京市海淀区玉渊潭南路 1 号 D 座　100038） 网址：www.waterpub.com.cn E-mail：sales@mwr.gov.cn 电话：(010) 68545888（营销中心）
经　　售	北京科水图书销售有限公司 电话：(010) 68545874、63202643 全国各地新华书店和相关出版物销售网点
排　　版	中国水利水电出版社微机排版中心
印　　刷	清淞永业（天津）印刷有限公司
规　　格	210mm×285mm　16 开本　11.5 印张　219 千字
版　　次	2014 年 5 月第 1 版　2023 年 7 月第 4 次印刷
印　　数	9001—11000 册
定　　价	**39.00 元**

前言

　　"园林制图与识图"是高职院校园林专业的一门专业骨干课程。依据培养高技能型园林专业人才的具体要求，以学会基础知识，完善专业素养，培养岗位基本技能为原则，培养学生的绘图与识图能力，提高空间想象和构思能力，为从事园林建设工作打下坚实的基础。

　　本教材结合高职教育的特色，突出了以下特点：

　　1. 注重实用性，与园林设计、园林建筑等专业课程紧密结合，体现园林制图与识图在园林专业体系中的作用。

　　2. 以工作任务为导向，注重解决问题的同时，对理论的阐述以够用为原则。

　　3. 逐步引导深入学习，注重循序渐进的教学规律。在教材项目一、项目二、项目三中以工作任务作为引导，注重理论，让学生掌握较为完整的理论知识，项目四、项目五注重作图步骤及作图过程，项目六、项目七、项目八注重综合作图与识图能力的提高。

　　4. 适应高职教材改革的要求，实现项目教学，是园林制图与识图教材的一次重大突破。

　　5. 教材大量选用已实施的园林设计方案图样，与真实园林建设工作结合紧密，有利于学生职业能力的培养。

　　全书共设有 8 个教学项目，由甘肃林业职业技术学院陈锦忠担任主编，由广东轻工职业技术学院高阳林担任第二主编；甘肃林业职业技术学院张晓红、保定职业技术学院陈婕、河南建筑职业技术学院刘新环、甘肃林业职业技术学院温明霞、内蒙古建筑职业技术学院马弘跃担任副主编。具体编写分工如下：陈锦忠编项目六、项目八、附录，并负责全书的统稿；高阳林编写项目四；张晓红编写项目五；陈婕编写项目二中任务一、任务二、任务三；刘新环编写项目一；温明霞编写项目七和项目二中的任务四；马弘跃编写项目三。

　　本教材在编写过程中凝聚了以上高职高专院校园林专业教师的智慧与经验，并参阅和引用了许多专家、学者的著作、论文和教材。特别是甘肃林业职业技术学院张晓红老师为本书提供了大量的设计方案图样。在此，我们一并谨向他们表示衷心的感谢和致以崇高的敬意。

　　由于时间仓促，加之编写水平有限，书中难免有不当和错误之处，敬请园林界同仁批评指正，提出宝贵意见。

编者

2014 年 3 月

目录

项目一

园林制图的基本技能

主要内容：本项目侧重理论学习，主要介绍国家制图标准的有关规定、绘图工具的使用和维护、绘图的基本步骤。

教学目标：本项目作为园林制图的入门，目的是让学生对园林制图有一个初步的认识和了解，培养良好的作图习惯、严谨的工作作风，为以后内容的学习打下良好的基础。

重要性：此项目为初学者必须掌握的基本技能，是为整个课程实践训练所必需的、法规性质的知识，它贯穿于每次作业、每项制图任务中。

学习方法：学习时，切勿死记硬背，应在画图的同时查阅、执行，在作业的过程中巩固和掌握。

任务一 图 幅 设 计

一、任务分析

园林设计图是园林设计技术人员的技术语言，同时也是一门综合造型艺术。设计者掌握园林设计艺术理论与原理、相关园林工程技术和园林制图技能的基础上，准确、形象、逼真绘制园林设计专业图样，为园林工程概预算、园林工程施工、工程质量控制、工程竣工决算提供技术资料。因此在园林设计图绘制图纸大小的选择、图框、标题栏、会签栏必须严格按照工程制图的国家标准。

为了使工程图样达到统一，符合施工要求和便于交流，设计和制图人员都必须熟悉和遵守《房屋建筑制图统一标准》（GB/T 50001—2001）等制图标准中的各项规定，简称"国标"。只有这样，才能够保证制图质量，提高绘图效率，并满足设计、施工和存档要求。《房屋建筑制图统一标准》对图纸的幅面、图框、格式及标题栏、会签栏都有统一的规定。

二、相关理论知识

1. 图纸的幅面

图纸幅面是指图纸的大小规格。图框是图纸上绘图范围以外所留的边线。我们制图时的图纸幅面和图框尺寸应符合表1-1-1的规定和图1-1-1的格式。

尺寸代号 \ 幅面代号	A0	A1	A2	A3	A4
$b \times l$	841×1189	594×841	420×594	297×420	210×297
c	10			5	
a	25				

表 1-1-1　　　　　　　　　　　　　图纸幅面和图框尺寸　　　　　　　　　　　　单位：mm

图纸有横式和立式构图，以短边作为垂直边为横式，以短边作为水平边为立式。一般 A0～A3 幅面的图纸宜采用横式；必要时，也可以立式使用。

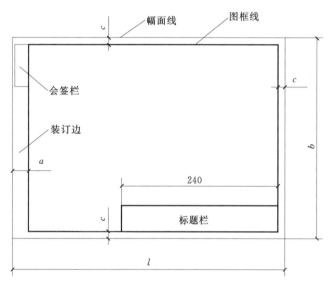

(a)A0～A3 横式幅面

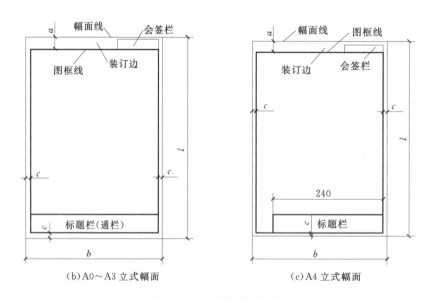

(b)A0～A3 立式幅面　　　　　　　(c)A4 立式幅面

图 1-1-1　图纸幅面格式

必要时，也可以加长图纸的幅面，但必须按图 1-1-2 所示的格式加长，粗实线所示为第一选择的基本幅面；细实线所示为第二选择的加长幅面；虚线所示为第三选择的加长幅面。

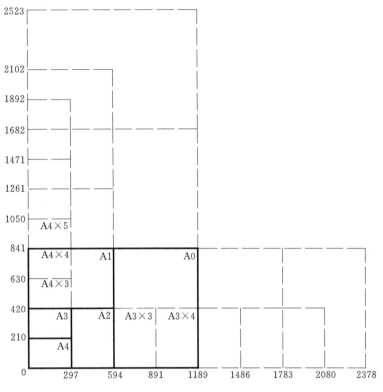

图 1-1-2　图纸长边加长尺寸

一个工程设计中，每个专业所使用的图纸，一般不宜多于两种幅面，不包括目录及表格所采用的 A4 幅面。

2. 标题栏和会签栏

图纸的标题栏简称图标。图纸不论横式或立式构图均应在图框内画出标题栏，并且在绘制时应符合制图统一标准的规定。根据工作需要选择确定其尺寸、格式及分区，如图 1-1-3 所示。签字区应包含实名列和签名列。涉外工程的标题栏内，还应在各项主要内容下附有译文，设计单位的上方或左

设计单位名称区	工程名称区	签字区	图号区
	图名区		

240　30(40)

（设计单位全称）					
审定	（实名）	（签名）	（日期）	（工程名称）	设计号
审核					图别
设计				（图名）	图号
制图					日期

20　25　25　25　60　20　25
200　30(40)

图 1-1-3　标题栏

方应加上"中华人民共和国"字样。

会签栏的格式如图1-1-4所示。栏内应填写会签人员所代表的专业、姓名、日期。一个会签栏不够时，可另加一个，两个会签栏应并列。不需会签的图纸也可以不设会签栏。

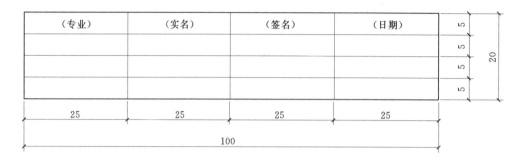

图1-1-4 会签栏

制图课作业中的作业建议使用图1-1-5所示的标题栏。

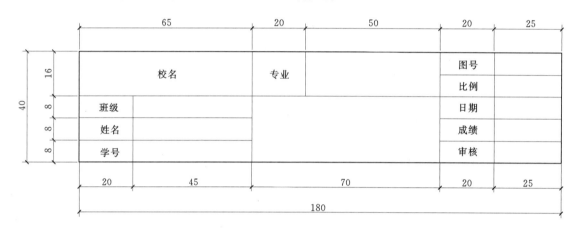

图1-1-5 制图作业建议使用标题栏

任务二 图线、字体、比例、尺寸标注、其他符号的应用

一、任务分析

园林设计图绘制的对象具有复杂性和多样性，主要包括设计的园林建筑、园林小品、园林植物、水体、地形、地上地下管线等园林构成要素，同时也包括原有的建筑物、构筑物，地上地下管线，植被等地物，在园林设计中如何将不同类型的园林构成要素，用图样直观的表述，必须掌握园林设计图中图线的正确应用；在园林设计中，园林构成要素准确的尺寸大小，直观反映设计的效果及设计作品园林空间的展示，设计者在设计时，综合运用园林设计的艺术理论，慎重推敲，达到设计要素与环境的统一，因此在园林设计图绘制时对园林要素的比例选择、尺寸标注、其他符号的应用必须准确，以方便读图与识图，指导园林工程施工与建设。

二、相关理论知识

1. 图线

画在图纸中的线条统称图线。图线有粗、中粗、细之分，他们的线宽比例为 4 : 2 : 1。制图统一标准规定，图线的宽度应从下列线宽系列中选取：2.0mm、1.4mm、1.0mm、0.7mm、0.5mm、0.35mm。每个图样，应根据复杂程度与比例大小，先确定基本线宽 b，再选用表 1-2-1 中相应的线宽组。同一张图纸内，相同比例的各图样，应选用相同的线宽组。

表 1-2-1　　　　　　　　　　　　　　　线　宽　组

线宽比	线　宽　组					
b	2.0	1.4	1.0	0.7	0.5	0.35
$0.5b$	1.0	0.7	0.5	0.35	0.25	0.18
$0.25b$	0.5	0.35	0.25	0.18	—	—

注　1. 需要微缩的图纸，不宜采用 0.18mm 及更细的线宽。
　　2. 同一张图纸内，各不同线宽中的细线，可统一采用较细的线宽组的细线。

制图统一标准中对图线的名称、线型、线宽、用途作了明确的规定，见表 1-2-2。

表 1-2-2　　　　　　　　　　　　　　　图　　线

名　　称		线　型	线宽	一　般　用　途
实线	粗		b	主要设计的建筑、水体驳岸、剖面图中被剖着部分、建筑构件详图中的轮廓线等
	中		$0.5b$	设计的园路、建筑、构筑物墙体的可见轮廓线，原有的建筑、构筑物的可见轮廓线等
	细		$0.25b$	设计乔木冠幅、花灌木边缘轮廓线，图例线、尺寸起止、尺寸线、尺寸界线等
虚线	粗		b	设计园林建筑、构筑物等不可见部分轮廓线，设计中的地下管线
	中		$0.5b$	原有的建筑物、构筑物等一般不可见轮廓线
	细		$0.25b$	不可见轮廓线、图例线
单点划线	粗		b	结构图中梁或构架的位置线
	中		$0.5b$	见各种有关专业制图标准
	细		$0.25b$	中心线、对称线等
双点划线	粗		b	见各种有关专业制图标准
	中		$0.5b$	见各种有关专业制图标准
	细		$0.25b$	假想轮廓线、成型前原始轮廓线
折断线			$0.25b$	断开界限
波浪线			$0.25b$	断开界限

图纸的图框线和标题栏，可采用表 1-2-3 的线宽。

表 1-2-3 图框线和标题栏的宽度

幅　面　代　号	图　框　线	标题栏外框线	标题栏分格线、会签栏线
A0、A1	1.4	0.7	0.35
A2、A3、A4	1.0	0.7	0.35

绘制图线时还应注意以下问题。

（1）同一张图纸内，相同比例的各图样，应选用相同的线宽组。

（2）每个图样，应根据复杂程度和比例大小，先确定基本线宽 b，再选用相应的线宽组。

（3）相互平行的线，其间距不宜小于其中粗线宽度，且不宜小于 0.7 mm。

（4）虚线、单点划线或双点划线的线段长度和间隙，宜各自相等。

（5）单点划画线或双点画线在小图形中绘制有困难时，可用实线代替。

（6）虚线与实线、虚线与单（双）点划线、虚线与虚线、单（双）点划线与实线、单（双）点划线与单（双）点划线相交，都应交于线段。

（7）单点划线和双点划线的首末两端应是线段，而不是点。

（8）图线不得与文字、数字和符号重叠、混淆，不可避免时，应首先保证文字等的清晰。

2. 字体

在建筑工程图样上，除了用图线画出图形外，还使用不同的字体进行描述。在图样和技术文件中书写的字体应笔画清晰、字体端正、排列整齐、间隔均匀、标点符号清楚正确。字迹潦草，不仅影响图样的质量，也会导致一些差错，给国家和集体造成损失。所以，一定要加强字体的练习。

图样上常用的字体有汉字、阿拉伯数字、拉丁字母，用来说明物体的大小及施工的技术要求等内容。有时也会出现罗马数字、希腊字母等。例如：用汉字注写图名、建筑材料；用数字标注尺寸；用数字和字母表示轴线的编号等。

（1）汉字。

图纸上的汉字宜采用长仿宋体，大标题和图册封面可采用黑体字。字高也称字号，如5号字的字高为5mm。当需要写更大的字体时，其字高应按 $\sqrt{2}$ 的比值递增。字的高与宽的关系，应符合表 1-2-4 中的规定。

表 1-2-4 长仿宋体字高与宽关系表 单位：mm

字高	20	14	10	7	5	3.5
字宽	14	10	7	5	3.5	2.5

长仿宋体字的书写要领是：横平竖直，注意起落，结构匀称，填满方格。

横平竖直，横笔基本要平，可顺运笔方向稍许向上倾斜 $2°\sim5°$。

注意起落，横、竖的起笔和收笔，撇、钩的起笔，钩折的转角等，都要停顿一下笔，形成小三角和出现字肩。几种基本笔画的写法如表 1-2-5 所示。

书写仿宋字时，应先字高和字宽的比例打好格子，字与字之间要间隔均匀，排列整齐。还应注意字体结构的特点和写法。即应布局匀称，高宽足格，按汉字笔画的左右结构、上下结构、里外结构等形式，适应分配好字的各组成部分的比例和位置，如图1-2-1所示。

表1-2-5　　　　　　　　　　　　　　　　　　仿宋体字基本笔画的写法

名称	横	竖	撇	捺	挑	点	钩
形状	一	丨	丿	㇏	✓✓	八	刀乚
笔法	一	丨	丿	㇏	✓✓	八	刀乚

图1-2-1　长仿宋体字的布局

（2）数字和字母。

图纸中表示数量的数字应用阿拉伯数字书写。阿拉伯数字、罗马数字或拉丁字母的字高应不小于2.5mm。数字和字母有正体和斜体两种写法，但同一张图纸上必须统一。斜体的倾斜度应是对底线逆时针旋转75度。其高度和宽度均与相应的直体相等，若与汉字并列书写时，应写成直体字。数字或字母同汉字并列书写时，字高小1号或2号。其字体如图1-2-2所示。

3. 比例

图样中图形与实物相对应的线性尺寸之比，称为比例。比例用阿拉伯数字表示，比如1∶50，1∶100等。

比例大小指比值大小。比值为1的比例称原值比例（1∶1）；大于1的比例称放大比例（2∶1）；小于1的比例称缩小比例（1∶100）。

比例写在图名右侧，比图名字号小一号或两号。图名下画一横粗线，粗度不粗于本图纸所画图形中粗实线，横线的长度应以所写的文字所占长短为准。当一张图纸中的各图只用一种比例时，也可把该比例单独书写在图纸标题栏内。

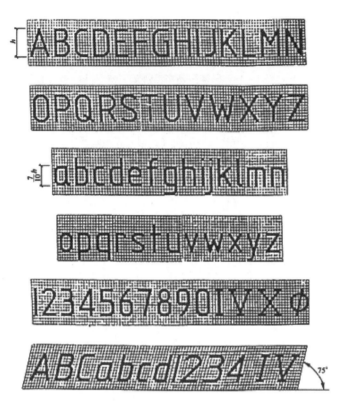

图 1-2-2 数字或字母的布局

绘图时，根据图样的用途和被绘物体的复杂程度，优先选用常用比例，如表 1-2-6 所示。

表 1-2-6 　　　　　　　　　　绘 图 常 用 比 例

详　　图	1∶2　1∶3　1∶4　1∶5　1∶10　1∶20　1∶30　1∶40　1∶50
道路绿化图	1∶50　1∶100　1∶200　1∶300　1∶150　1∶250
小区游园图	1∶50　1∶100　1∶200　1∶300　1∶150　1∶250
居住区绿化图	1∶100　1∶200　1∶300　1∶400　1∶500　1∶1000
公园绿化图	1∶500　1∶1000　1∶2000

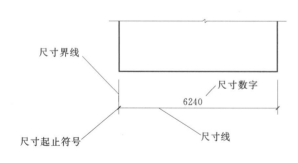

图 1-2-3 尺寸的组成

4. 尺寸标注

尺寸是构成图样的一个重要组成部分，是工程施工的重要依据，因此尺寸标注要准确、完整、清晰。图样上标注的尺寸由尺寸线、尺寸界线、尺寸起止符号、尺寸数字组成，称为尺寸的四要素，如图 1-2-3 所示。

（1）尺寸线、尺寸界线、尺寸起止符号、尺寸数字。

尺寸线为被注长度的度量线，表示尺寸的方向。尺寸线采用细实线；尺寸线不宜超出尺寸界线；中心线、尺寸界线以及其他任何图线都不得用作尺寸线；线性尺寸的尺寸线必须与被标注的长度方向平行。

尺寸界线应用细实线绘制，与被标注长度垂直，其一端离开图样轮廓线大于等于 2mm，另一端超出尺寸线 2～3mm，如图 1-2-4 所示。当连续标注尺寸时，中间的尺寸界线可以画得较短；图形的轮廓线以及中心线都允许用作尺寸界线。

尺寸起止符号一般为中粗斜短线绘制，长度 2～3mm，与尺寸界线成顺时针 45°。半径、直径、角度与弧长的尺寸起止符号，宜用箭头表示，如图 1-2-5 所示。

工程图上标注的尺寸数字，是物体的实际尺寸，它与绘图所用的比例无关。建筑工程图上标注的尺寸数字，除标高及总平面图以 m 为单位外；其余都以 mm 为单位。因此，建筑工程图上的尺寸数字无需注写单位。

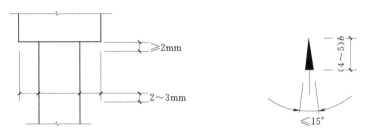

图 1-2-4　尺寸界限　　　　图 1-2-5　半径、直径起止符号

尺寸数字的注写方向：尺寸数字的方向，应按下图正确方式的规定注写。若尺寸数字在 30°斜线区内，宜按小图的形式注写，如图 1-2-6 所示。

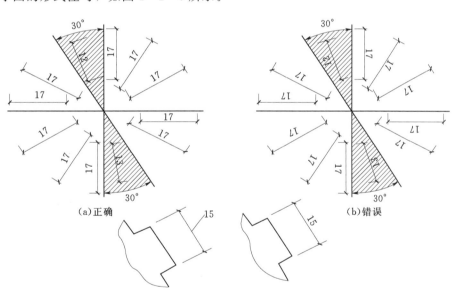

图 1-2-6　尺寸数字的注写方向

尺寸数字应依据其读数方向注写在靠近尺寸线的上方中部。如果尺寸界线相距很近时，尺寸数字可注写在尺寸界线的外侧近旁，或上下错开，或用引出线引出后再行标注，如图 1-2-7 所示。

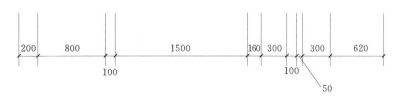

图 1-2-7　尺寸数字的注写位置

（2）尺寸的排列与布置。

尺寸宜在图样轮廓以外，不宜与图线、文字及符号等相交（断开相应图线），见图1-2-8。

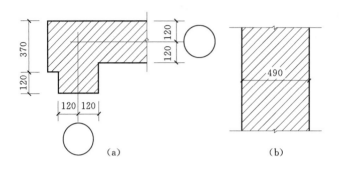

图1-2-8 尺寸数字的注写

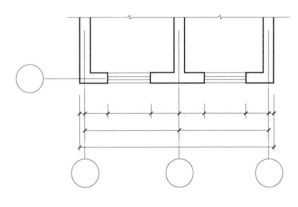

图1-2-9 尺寸的排列

相互平行的尺寸线应从被注写的图样轮廓线由近向远，小尺寸在内，大尺寸靠外整齐排列，见图1-2-9。

图样轮廓以外的尺寸界线距图样最外轮廓线之间的距离不小于10mm，平行排列的尺寸线的间距宜为7～10mm，全图一致。总尺寸的尺寸界线应靠近所指部位，中间的尺寸界线可稍短，但其长度要相等。

（3）尺寸标注常见的错误。

如图1-2-10（a）所示为正确的标注，1-2-10（b）所示在尺寸标注中常见的错误。

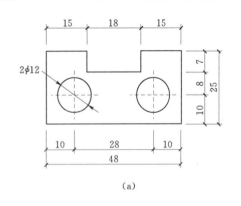

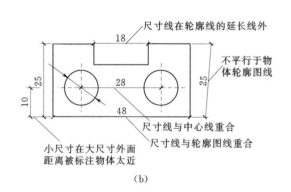

图1-2-10 尺寸标注对照

（4）半径、直径和球的尺寸标注。

半径的尺寸线应一端从圆心开始，另一端画箭头指向圆弧。半径数字前加注半径符号"R"，见图1-2-11。较大圆弧的半径可按图1-2-12的形式标注，较小圆弧的半径可图1-2-13的形式标注。

圆的直径尺寸前标注直径符号"ϕ"，圆内标注的尺寸线应通过圆心，两端画箭头指至圆弧，见图1-2-14。较小的圆的直径尺寸，可以标注在圆外，见图1-2-15。

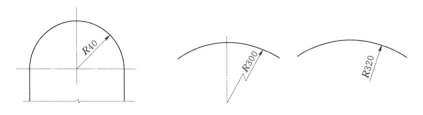

图 1-2-11 半径的标注方法　　　　图 1-2-12 大圆弧半径的标注方法

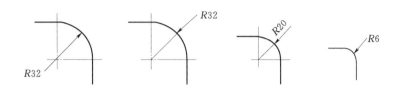

图 1-2-13 小圆弧半径的标注方法

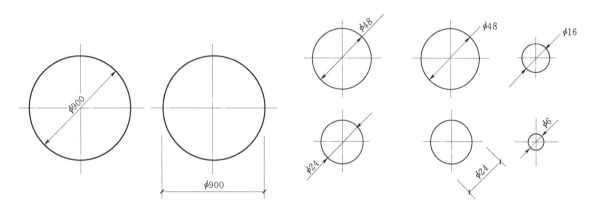

图 1-2-14 圆直径的标注方法　　　　图 1-2-15 小圆直径的标注方法

标注球的半径、直径时，应在尺寸前加注符号"S"，即"SR"、"Sφ"。注写方法同圆弧半径和圆直径，见图 1-2-16。

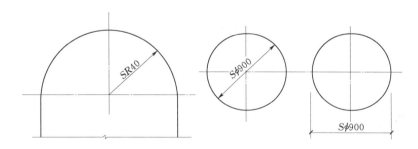

图 1-2-16 球的直径的标注方法

角度的尺寸线应以圆弧表示。此圆弧的圆心应是该角的顶点，角的两条边为尺寸界线。起止符号用箭头，若没有足够位置画箭头，可用圆点代替。角度数字应按水平方向注写，见图 1-2-17。

标注圆弧的弧长时，尺寸线为与该圆弧同心的圆弧线，尺寸界线垂直于该圆弧的弦，起止符号用箭头表示。弧长数字上方应加圆弧符号"⌒"，见图 1-2-18。

标注圆弧的弦长时，尺寸线应平行于该弦的直线，尺寸界线垂直于该弦，起止符号用中粗斜短线表示，见图1-2-19。

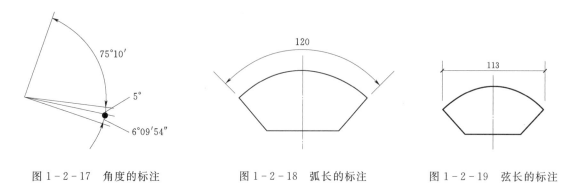

图1-2-17　角度的标注　　　　　图1-2-18　弧长的标注　　　　　图1-2-19　弦长的标注

（5）坡度的标注。

标注坡度时，应加注坡度符号。该符号为单面箭头，箭头应指向下坡方向。坡度也可以用直角三角形形式标注，见图1-2-20。

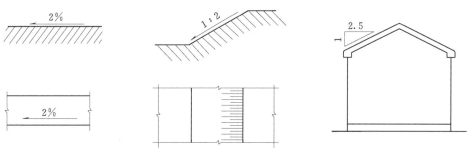

图1-2-20　坡度标注

（6）曲线的标注。

外形为非圆曲线的构件，可用坐标形式标注尺寸，见图1-2-21。也可使用网格法标注，见图1-2-22。

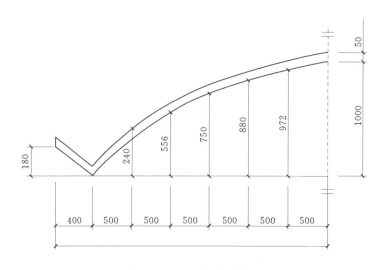

图1-2-21　坐标法标注

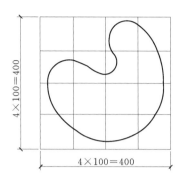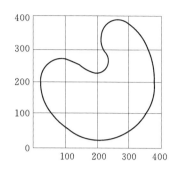

图 1-2-22 网格法标注

（7）标高。

标高表示建筑物各部分的高度，是建筑物某一部位相对于基准面（标高的零点）的竖向高度，是竖向定位的依据。在施工图中经常有一个小小的直角等腰三角形，三角形的尖端或向上或向下，这是标高的符号，见图 1-2-23。底层平面图中室内主要地面的零点标高注写为 ±0.000。低于零点标高的为负标高，标高数字前加"－"号，如 －0.450。高于零点标高的为正标高，标高数字前可省略"＋"号，如 3.000。标高的单位：米。如图 1-2-24 所示为休闲亭立面图。

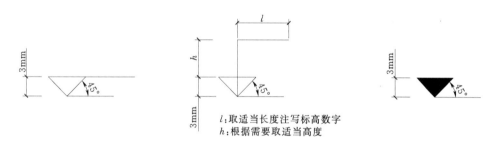

图 1-2-23 标高符号

5. 其他符号

（1）对称符号。

当建筑物或构配件的图形对称时，可只画对称图形的一半，然后在图形的对称中心处画上对称符号，另一半图形可省略不画。对称符号由对称线和两端的两对平行线组成。对称线用细单点长画线绘制；平行线用细实线绘制，其长度宜为 6～10mm，每对间距宜为 2～3mm；对称线垂直平分两对平行线，对称线两端超出平行线宜为 2～3mm，如图 1-2-25（a）所示。

（2）连接符号。

连接符号是用来表示构件图形的一部分与另一部分的相接关系。连接符号应以折断线表示需连接的部位。两部位相距过远时，折断线两端靠图样一侧应标注大写拉丁字母表示连接编号，两个连接的图样必须用相同的字母编号，如图 1-2-25（b）所示。

（3）指北针。

指北针是用来指明建筑物朝向的，其形状如图 1-2-25（c）所示。圆的直径宜为 24mm，用细实线绘制，指针尾部的宽度宜为 3mm，指针头部应注"北"或"N"字。需用较大直径绘制指北针时，指针尾部宽度宜为直径的 1/8。

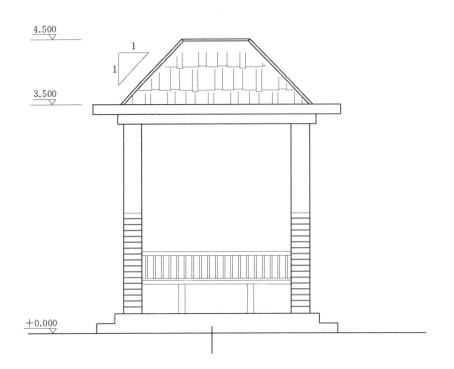

图 1-2-24 休闲亭立面图

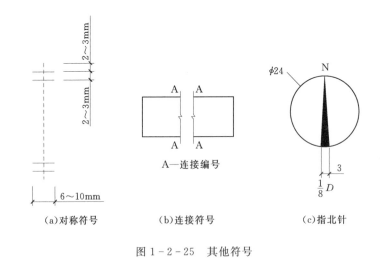

(a)对称符号　　　　　(b)连接符号　　　　　(c)指北针

图 1-2-25 其他符号

（4）索引符号与详图符号。

在施工图中，有时会因为比例问题而无法表达清楚某一局部，为方便施工需另画详图。一般用索引符号注明画出详图的位置、详图的编号以及详图所在的图纸编号。索引符号和详图符号内的详图编号与图纸编号两者对应一致。

按"国标"规定，索引符号的圆和引出线均应以细实线绘制，圆直径为 10mm。引出线应对准圆心，圆内过圆心画一水平线，上半圆中用阿拉伯数字注明该详图的编号，下半圆中用阿拉伯数字注明该详图所在图纸的图纸号，如图1-2-26所示。如果详图与被索引的图样在同一张图纸内，则在下半圆中间画一水平细实线。索引出的详图，如采用标准图，应在索引符号水平直径的延长线上加注该标准图册的编号。当索引符号用于索引剖面详图时，应在被剖切的部位绘制剖切位置线。引出线所在一侧应为投射方向。

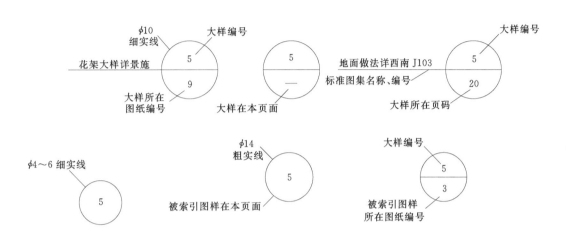

图1-2-26　详图符号与索引符号

（5）引出线。

在平面制图中，为了标注尺寸而单独绘制的线段，用以确定标注内容的具体位置，如图1-2-27所示。

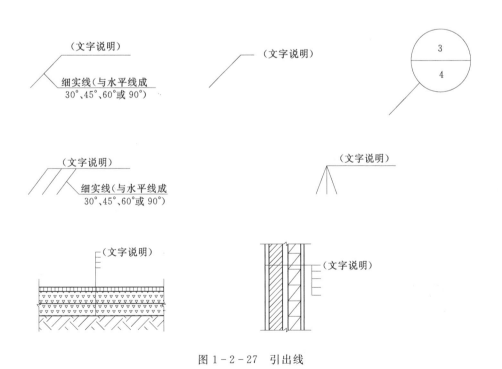

图1-2-27　引出线

任务三 绘图工具的使用

一、任务分析

绘制标准的专业设计图，必须熟练掌握制图工具和仪器的使用方法，只有这样，才能提高制图质量和速度，下面介绍几种基本绘图工具的使用方法。

二、相关理论知识

1. 绘图板

绘图板（图1-3-1）是手工绘图最基本的工具，主要用于固定图纸，有大小不同的规格。其表面必须平坦、光滑，左边是丁字尺的导边（工作边），必须平直。

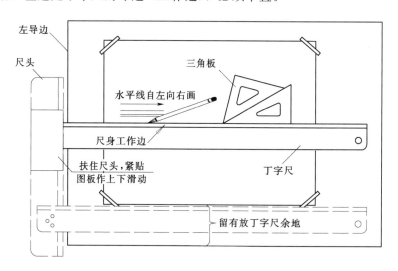

图1-3-1 图板与丁字尺

绘图板通常是胶合板做版面，四周以硬木条镶边。图板规格有0号，1号和2号，分别适用于固定A0，A1和A2的绘图纸。

使用图板绘图时，应将图板放在绘图桌上，板身应略微倾斜。绘图板要避免暴晒，以防变形。不画图时，应将绘图板竖立放置。

2. 丁字尺

丁字尺是由相互垂直的尺头和尺身组成的，尺头与图板配合使用，尺身的上边带刻度，是画水平线的用的。目前使用的丁字尺大多是用有机玻璃制成的，如图1-3-1所示。

丁字尺和图板配合使用画水平线。画图时，丁字尺尺头的工作边紧靠图板的左边（即工作边）上下滑动，可画出一组高度不同相互平行的水平线，丁字尺和三角板结合画铅垂线，如图1-3-2所示。

特别应注意保护丁字尺的工作边，保证其平整光滑，不能用小刀靠住尺身切割纸张。不用时应将丁字尺装在尺套内悬挂起来,防止压弯变形。

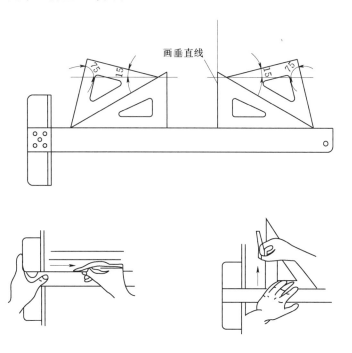

图 1-3-2 丁字尺的使用

3. 三角板

三角板是绘图的主要画线工具。一副三角板有两块,一块是 45°等腰直角三角形,另一块是两锐角分别为 30°和 60°的直角三角形,通常在三角板的两个直角边带有刻度。三角板的大小规格较多,绘图时应灵活选用。一般宜选用板面略厚,两直角边有斜坡的三角板。

三角板应保持各边平直、光滑、角度精准,避免碰摔。

两块三角板组合或是三角板与丁字尺组合使用,可画垂直线及与丁字尺工作边成 15°、30°、45°、60°、75°等各种斜线,如图 1-3-3 所示。同时,三角板组合或三角板和丁字尺组合还能画各种角度的平行线。

4. 绘图笔

绘图笔有绘图铅笔、直线笔、绘图小钢笔、绘图墨水笔等。

(1) 绘图铅笔。

根据铅芯的软硬程度将绘图铅笔分成"H"、"HB"和"B"三类。"H"表示硬,"HB"表示软硬适中,"B"表示软。在"H"和"B"前加上数字,如"3H"和"2B"。"H"前数字越大表示铅芯越硬,"B"前数字越大表示铅芯越软。铅芯硬画出的线颜色淡,适合打底稿,铅芯软画出的线颜色深,适合加深图线和绘制粗线。

铅笔应从无标志的一端开始使用,以便保留标志易于辨认软硬。

铅笔应削成长度 20~25mm 的圆锥形,铅芯露出约 6~8mm,

画线时运笔要均匀,并应缓慢转动,向运动方向倾斜 75°,并使笔尖与尺边距离始终保持一致,这样线条才能画得平直准确,如图 1-3-4 所示。

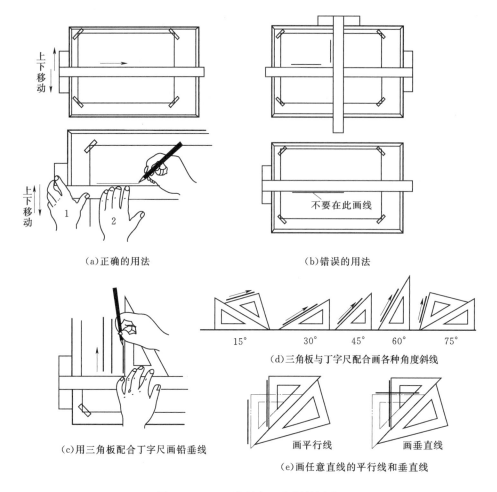

（a）正确的用法　　　　　　　　　　　　（b）错误的用法

（c）用三角板配合丁字尺画铅垂线

（d）三角板与丁字尺配合画各种角度斜线

画平行线　　　　　画垂直线

（e）画任意直线的平行线和垂直线

图 1-3-3　丁字尺与三角板的用法

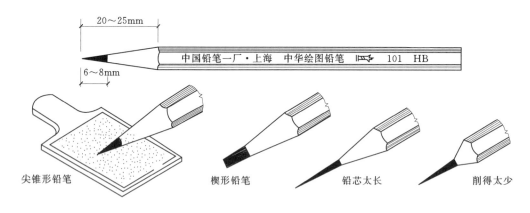

尖锥形铅笔　　　　楔形铅笔　　　　铅芯太长　　　　削得太少

图 1-3-4　绘图铅笔

（2）鸭嘴笔。

直线笔的笔尖形状似鸭嘴，又称鸭嘴笔，是画墨线的工具。笔尖由两块钢叶片组成，可用螺钉任意调整间距，确定墨线粗细。往直线笔注墨时，应用绘图小钢笔或注墨管小心地将墨水加入两块钢叶片的中间，注墨的高度为 4～6mm 左右。

画线时，直线笔应位于铅垂面内，即笔杆的前后方向与纸张保持 90°，使两叶片同时接触图纸，并使直线笔往前进方向倾斜 5°～20°，画线时速度要均匀，落笔时用力不宜过重，如图 1-3-5 所示。

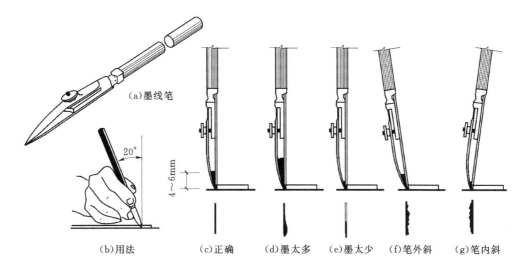

(a)墨线笔　(b)用法　(c)正确　(d)墨太多　(e)墨太少　(f)笔外斜　(g)笔内斜

图1-3-5　鸭嘴笔

（3）绘图墨水笔。

绘图墨水笔又称针管笔，是专门用来绘制墨线的工具。由针管、通针、吸墨管和笔套组成。笔尖是一根细针管，其余部分的构造与普通钢笔基本相同，如图1-3-6所示。笔尖的直径有0.18mm、0.25mm、0.35mm、0.5mm、0.7mm、0.9mm等多种规格，供绘制图线时选用。

画线时针管笔应略向画线方向倾斜，发现下水不畅时，应上下晃动笔杆，当听到管内有撞击声时，表明管心已通，即可继续使用。绘图墨线笔应使用专用墨水，用完后立即清洗针管，以防堵塞。

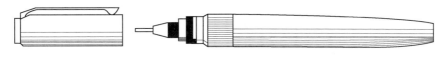

图1-3-6　针管笔

5.圆规和分规

（1）圆规。

圆规是画圆和圆弧的工具。通常圆规为组合式，一条腿上安装针脚，另一条腿可装上铅芯、钢针、直线笔三种插脚，如图1-3-7所示。圆规在使用前应先调整针脚，使针尖销长于铅笔芯或直线笔的笔尖，取好半径，对准圆心，并使圆规略向旋转方向倾斜，按顺时针方向从右下角开始画圆。

画较大圆时，应加延伸杆，使圆规两端都与纸面垂直。画圆或圆弧都应一次完成。

（2）分规。

分规的形状与圆规相似，只是两腿均装有尖锥形钢针。分规是用来量取线段、截取线段和等分线段的工具，如图1-3-8所示。使用时，要先检查分规两腿的针尖靠拢后是否高低一致，若不平一致应放松螺钉调整。

6.曲线板和建筑模板

（1）曲线板。

曲线板是画非圆曲线的专用工具之一。有复式曲线板和单式曲线板两种。复式曲线板用来画简单的曲线，如图1-3-9所示；单式曲线板用来画复杂的曲线，每套有多块，每块都由一些曲率不同的

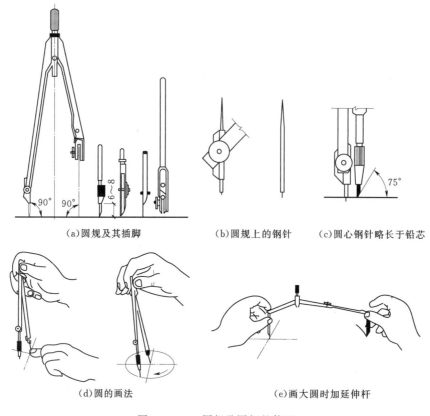

（a）圆规及其插脚　　（b）圆规上的钢针　（c）圆心钢针略长于铅芯

（d）圆的画法　　　　　（e）画大圆时加延伸杆

图 1 - 3 - 7　圆规及圆规的使用

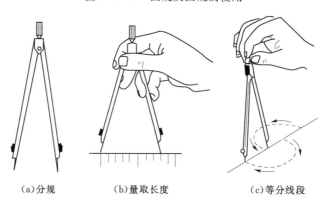

（a）分规　　　　（b）量取长度　　　（c）等分线段

图 1 - 3 - 8　分规及分规的使用

曲线组成。在使用曲线板时，应根据曲线的弯曲趋势，从曲线板上选取与所画曲线相吻合的一段描绘。吻合的点越多，所得曲线也就越光滑。每描绘一段应至少吻合四个点。描绘每段曲线时至少应包含前一段曲线的最后两个点，而在本段后面至少留两个点给下一段描绘点。这样曲线与前段曲线重复一小段，也与后段曲线重复一小段，便能保证连接光滑流畅。

（2）建筑模板。

为了提高制图速度和质量，将图样上常用的符号、图形刻在有机玻璃板上，做成模板，方便使用。模板的种类很多，有建筑模板、家具模板、结构模板、给排水模板等，图 1 - 3 - 10 是建筑模板。

建筑模板上刻有多种方形孔、圆形孔、建筑图例、轴线号、详图索引号等，可用来直接绘出模板上的各种图样和符号。

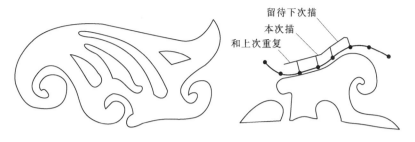

和上次重复
本次描
留待下次描

图 1-3-9　复式曲线板

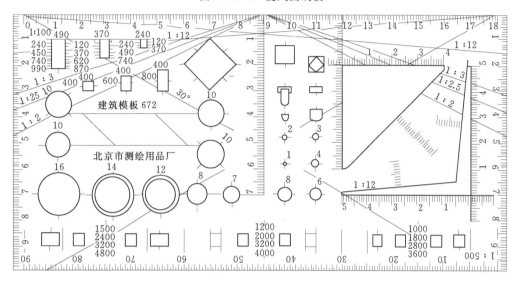

图 1-3-10　建筑模板

7. 比例尺

比例尺是绘图时用来缩放线段长度的尺子。有三棱比例尺和比例直尺。通常使用三棱柱状的三棱比例尺，如图 1-3-11 所示。尺上三个面刻有六种不同比例的刻度，通常有 1∶100，1∶200，1∶300，1∶400，1∶500，1∶600，可直接用它在图纸上绘出物体按该比例的实际尺寸，不需计算。比例尺上的数字以米为单位。使用比例尺时不能累计计算距离，应该先绘制整个长度或宽度，在进行分割。绘图时千万不要把比例尺当做三角板用来画线。

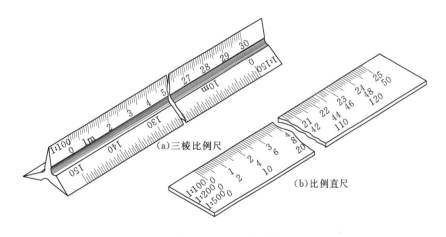

(a)三棱比例尺　　(b)比例直尺

图 1-3-11　比例尺

8. 擦图片

擦图片是用来修改图线的工具，如图 1-3-12 所示。擦图片通常是用透明塑料或不锈钢片制成。擦图片上有各种形状的模孔，使用时只要将该擦去的图线对准擦图片上相应的孔洞，用橡皮轻轻擦拭即可。

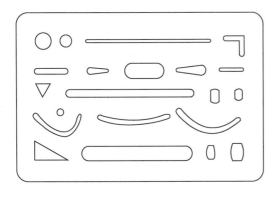

图 1-3-12　擦图片

9. 其他工具

除了上述主要的绘图工具以外，经常使用的工具还有绘图墨水、小钢笔、刀片、橡皮、胶带纸、小毛刷等。

用于绘图的墨水一般有两种：普通绘图墨水和碳素墨水。绘图墨水易干易结块，适用于传统的墨线笔——鸭嘴笔。碳素墨水不易结块，适用于绘图针管笔。直线笔也可以用碳素墨水，但绘图墨水笔一定要用碳素墨水。

橡皮有软硬之分。修整铅笔线多用软质的，修整墨线则多用硬质。

绘图工具一定要正确使用，熟练掌握，才能更好地提高绘图的准确性和绘图效率。

任务四　手工绘制园林设计图的步骤及徒手绘图的方法

一、任务分析

正确掌握绘图的步骤和扎实的徒手绘图能力，不仅可以大幅度提高绘图的效率，同时使绘制的图纸幅面整洁、美观。

二、相关理论知识

（一）绘图步骤

手工绘制图样，一般均要借助绘图工具和仪器。要使作图正确，快速，就必须先认真地分析图形各部分的形状，线段的性质和尺寸，正确地使用绘图工具和仪器，按下述步骤绘图。

1. 准备

（1）做好准备工作，将铅笔按照绘制不同线型的要求削好；将圆规的铅芯磨好，并调整好铅芯与针尖的高低，使针尖略长于铅芯；用干净软布把丁字尺、三角板、图板擦干净。将各种绘图用具按顺序放在固定位置，洗净双手。

（2）分析要绘制图样的对象，收集参阅有关资料，做到对所绘图的内容、要心中有数。

（3）根据所画图纸的要求，选定图纸幅面和比例。在选取时，必须遵守国家标准的有关规定。

（4）将大小合适的图纸用胶带（或绘图钉）固定在图板上。固定时，应使丁字尺的工作边与图纸的水平边大致平行。最好使图纸的下边与图板下边保持大于一个丁字尺宽度的距离。

2. 用铅笔绘制底稿

（1）按照图纸幅面的规定绘制图框，并在图纸上按规定位置绘出标题栏。

（2）合理布置图面，综合考虑标注尺寸和文字说明的位置，定出图形的中心线或外框线，避免在一张图纸上出现太空或太挤的现象，使图面匀称美观。

（3）画图形的定位轴线，然后再画主要轮廓线，最后画细部。画草图时最好用较硬的铅笔，落笔尽可能轻、细，以便修改。

（4）画尺寸线、尺寸界线和其他符号。

（5）仔细检查，擦去多余线条，完成全图底稿。

3. 加深图线、上墨或描图

（1）加深图线。

铅笔线宜用较软的铅笔B-3B加深或加粗，然后用较硬的铅笔H-B将线边修齐。加深图线前要仔细校对底稿，修正错误，擦去多余的图线或污迹，保证线型符合国家标准的规定。

绘图应遵循下列步骤。

1）先画上方，后画下方；先画左方，后画右方；先画细线，后画粗线；先画曲线，后画直线；先画水平方向的线段，后画垂直及倾斜方向的线段。

2）同类型、同规格、同方向的图线可集中画出。

3）画起止符号，填写尺寸数字、标题栏和其他说明。

4）仔细核对、检查并修改已完成的图纸。

（2）上墨。

在绘制完成的底稿上用墨线加深图线，步骤与用铅笔加深基本一致，一般使用绘图墨水笔。

（3）描图。

用描图纸覆盖在铅笔图上用墨线描绘，描图后得到的底图在通过晒图就可以得到多份复制的图样（蓝图）。

4. 标注尺寸

图形加深后，应将尺寸界线、尺寸线和箭头都一次性地画出，最后注写尺寸数字及符号等。注意标注尺寸要正确、清晰，符合国家标准的要求。

5. 画出指北针

在平面图和总图上要画出指北针，可明确表示建筑物的方位。

6. 填写文字说明

填写标题栏及其他必要的文字说明。

7. 检查整理

待绘图工作全部完成后，经仔细检查，确无错漏，最后在标题栏"制图"一格内签上姓名和绘图日期。

（二）工具线条图画法

用尺、规和曲线板等绘图工具绘制，以线条特征为主的图样称为工具线条图。工具线条图是园林制图的基本技能。绘制工具线条图应熟悉和掌握各种制图工具的用法、线条的类型、等级、所代表的意义及线条的交换。

工具线条应粗细均匀、光滑整洁、边缘挺括、交接清楚。作墨线工具线条时只考虑线条的等级变化；作铅线工具线条时除了考虑线条的等级变化还应考虑铅芯的浓淡，使图面线条对比分明。

线条的加深与加粗见图1-4-1。铅笔加粗用B-2B，线边修齐用H-B。

墨线的加粗，应先画边线，再逐笔填实，见图1-4-2。

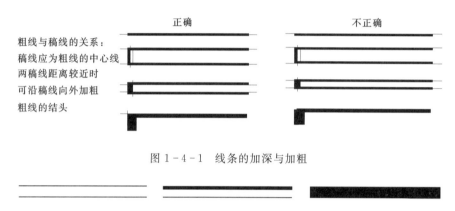

图1-4-1　线条的加深与加粗

图1-4-2　墨线加粗的方法

（三）徒手绘图的方法

徒手图也称草图，它是以目测来估计物体的形状和大小，不借助绘图工具，徒手绘制的图样。园林设计者必须具备徒手绘图的能力。因为很多园林要素要求徒手绘制，而且在收集素材，探讨构思和推敲方案时也需要借助徒手线条图。

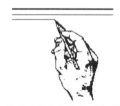

(a)移动手腕自左向右画水平线　(b)移动手腕自上向下画垂直线

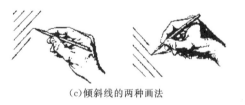

(c)倾斜线的两种画法

图1-4-3　徒手线条的画法

徒手绘图的基本要求是快、准、好，即画图速度要快、目测比例要准、图面质量要好、草图中的线条要粗细分明，基本平直，方向正确。初学徒手绘图时，应在方格纸上进行，以便训练图线画的平直和借助方格纸线确定图形的比例。徒手绘图执笔时力求自然，笔杆与纸面成$45°\sim60°$角。一般选用HB或B的铅笔，铅芯磨成圆锥形，见图1-4-3。

1. 直线的画法

徒手画直线时，握笔的手要放松，用手腕抵着纸面，沿着画线的方向移动；眼睛不要死盯着笔尖，而要瞄准线段的终点。画水平线时，图纸可放斜一点，不要将图纸固定死，以便随时可将图纸调整到画线最为顺手的位置。画垂直线时，自上而下运笔。每条图线最好一笔画成；对于较长的直线也可用数段连续的短直线相接而成。

2. 圆的画法

画圆时，先定出圆心位置，过圆心画出两条互相垂直的中心线，再在中心线上按半径大小目侧定出四个点后，分两半画成。对于直径较大的圆，可在 45°方向的两中心线上再目测增加四个点，分段逐步完成。

3. 斜线的画法

画 30°、45°、60°等特殊角度的斜线时，可利用两直角边的比例关系近似地画出。

4. 椭圆的画法

画椭圆时，先目测定出其长、短轴上的四个端点，然后分段画出四段圆弧，画时应注意图形的对称性。总之，画徒手图的基本要求是：画图速度尽量要快，目测比例尽量要准，画面质量尽量要好。对于一个工程技术人员来说，除了熟练地使用仪器绘图似外，还必须具备徒手绘制草图的能力。

5. 目测比例的方法

在徒手绘图时，关键的一点是要保持所画物体图形各部分的比例。如果比例（特别是大的总体比例）保持不好，不管线条画的多好，这张草图也是劣质的。在开始画图时，这个物体的长、宽、高的相对比例一定要仔细观察、拟定。然后，在画中间部分或细节部分时，还要随时将新测定的线段与已拟定的线段进行比较、调整。因此，掌握目测比例方法对画好草图十分重要。在画中、小型物体时，可用铅笔直接放在实物上测定各部分的大小，然后按测定的大小画出草图，或者用这种方法估计出各部分的相对比例，然后按照估计的这一相对比例画出缩小的草图。在画较大的物体时，可以用手握一铅笔进行目测度量。在目测时，人的位置应保持不动，握铅笔的手臂要伸直，人和物的距离大小应根据所需图形的大小来确定。

项目二

园林设计平面图、立面图绘制的基本原理

主要内容： 本项目重点是通过园林设计平面图、立面图的形成，引出平行投影的性质，各种位置的直线、平面的投影性质，基本平面体和基本曲面体的投影以及表面取点作图方法和读图规律。

教学目标： 通过本项目的学习，为园林识图、绘图打下理论基础。

重要性： 本项目是园林制图与识图的基础理论部分，是工程语言的"语法"。

学习方法： 学习项目一定要在建立空间思维的基础上多做练习，以帮助理解和掌握。

任务一　园林设计平面图、立面图的形成

一、任务分析

为了准确表达园林设计要素在设计环境空间的相对位置，及其各要素的尺寸关系，设计者在设计阶段，绘制园林设计平面图和立面图。图2-1-1所示为某学校绿化设计平面图。通过绘制设计平面图，准确表达绿地空间与周围学生公寓楼、教学楼、道路之间的位置关系，及其各要素的尺寸关系。为了表达花架的高度尺寸，必须绘制园林建筑平、立面图，如图2-1-2、图2-1-3所示。园林平面图与立面图的绘制综合应用了投影的基本原理。为了培养学生的空间思维能力，准确认识平面图、立面图绘制的基本原理，必须掌握和领会三视图的形成及其投影规律。

二、相关理论知识

（一）投影的概念及投影的分类

我们通常看到的图画一般都是立体图，这种图和实际物体的印象基本一致，比较直观，很容易看懂。但这种图往往不能表达物体的真实形状，也不能完全满足工程制图及施工的要求。在工程图纸中，所有图样都是根据一定的投影法则绘制的，投影的原理是绘制各种工程图纸的基础。本节主要介绍投影的基础知识。

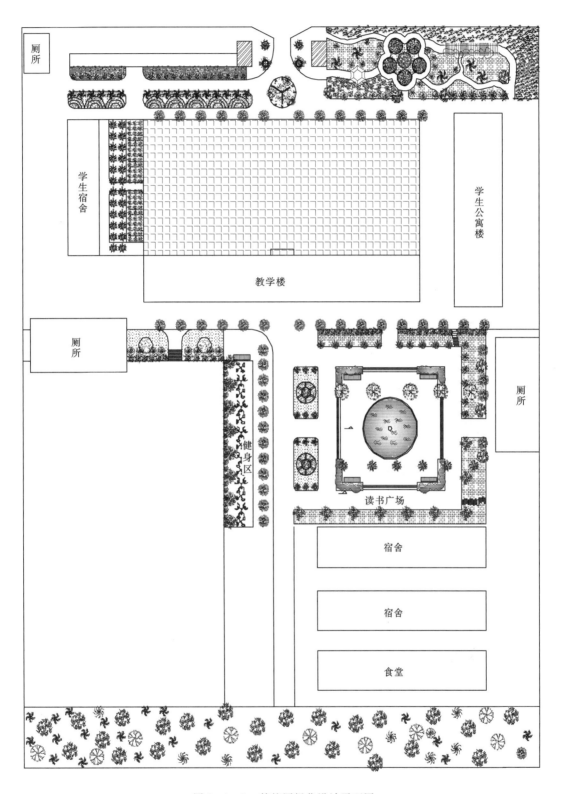

图 2-1-1 某校园绿化设计平面图

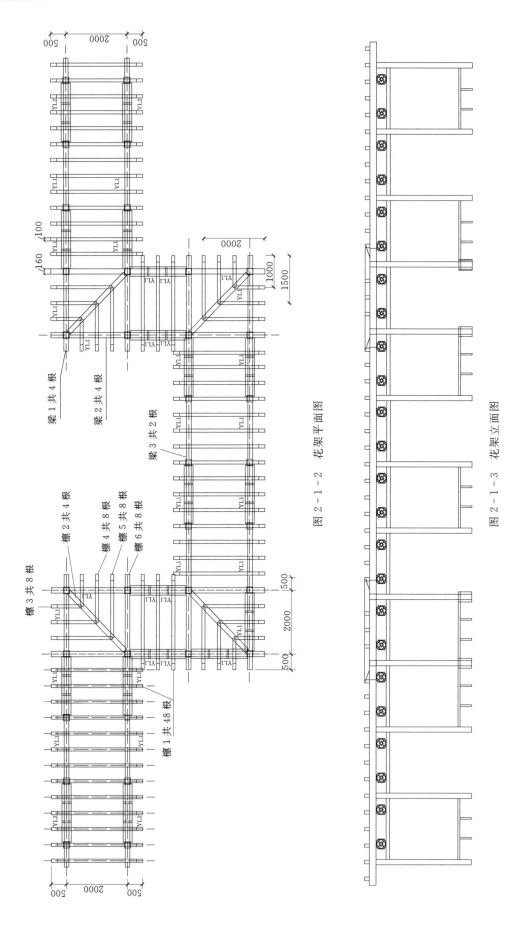

图 2-1-2 花架平面图

图 2-1-3 花架立面图

1. 投影的概念

光线（灯光或阳光）照射物体，在墙面或地面上会产生物体的影子，并且，影子的大小、形状会因光线照射的角度和距离而发生变化，如图 2-1-4 和图 2-1-5 所示。

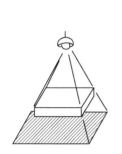

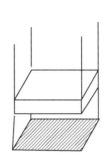

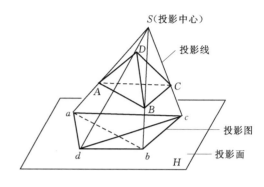

图 2-1-4　影子的形成　　　图 2-1-5　影子的形成　　　图 2-1-6　投影的概念

制图中投影的概念就是从这种常见的自然现象中总结、抽象而得到的。这时，我们把产生光线的光源叫做投影中心；光线叫做投影线；承受落影的平面叫做投影面；物体的外轮廓在投影面上产生的影子称为该物体的投影图，也叫投影，如图 2-1-6 所示。

从图中还可以看出：空间某一点（如 A）的投影，实质上是过该点的投影线（SA）与投影面（H）的交点（a）；空间某一线段（如 AB）的投影，即为过该线段的投影光面（SAB）与投影面（H）的交线（ab）；空间某一平面（如 ABC）的投影即为构成该平面各边（AB、BC、CA）的投影的集合（abc）；同样，空间形体（如 ABCD）的投影即为构成该立体的所有顶点（A、B、C、D）、所有棱线（AB、BC、CA、DA、DB、DC）和所有棱面（DAB、DBC、DCA、ABC）的投影的集合（adbc）。

2. 投影的分类

根据光源的不同，可将投影分为以下两大类。

（1）中心投影。

投影线由一点放射出来（例如灯光），所得到的投影为中心投影，如图 2-1-4 所示。在中心投影中，投影线相交于一点。这种投影的方法，称为中心投影法。由中心投影法所得到的投影图具有较好的立体感，接近人们的视觉印象，具有较强的直观性。在园林制图中，运用中心投影可以绘制透视图，如图 2-1-7 所示。

（2）平行投影。

物体在平行的投影线（当投影中心无限远时）照射下所形成的投影称为平行投影，如图 2-1-5 所示。这种投影的方法，称为平行投影法。

在平行投影中，投影线互相平行。根据平行的投影线与投影面是否垂直，平行投影又可分为两种：

1）斜投影。平行的投影线与投影面斜交所形成的投影为斜投影，如图 2-1-8 所示。制图中运用斜投影的原理可以绘制斜轴测投影图。

2）正投影。平行的投影线与投影面垂直相交所形成的投影称为正投影，如图 2-1-9 所示。制

图 2-1-7　透视图实例

图中，运用正投影的原理，可以绘制形体的三面正投影图和正轴测投影图等。一般的工程图纸，大都是按照正投影的原理绘制的，例如常用的平面图、立面图等。正投影的原理是工程制图的主要绘图原理，因此研究正投影的投影特征，掌握正投影的规律非常重要。

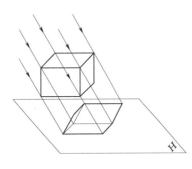

图 2-1-8　斜投影图

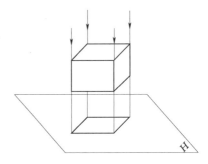

图 2-1-9　正投影图

（二）三面正投影图的形成

图样是工程施工操作的依据，应尽可能地反映物体的形状和大小。对于空间物体，如何才能准确

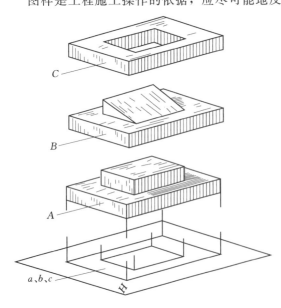

图 2-1-10　形体的一个投影不能确定形体的形状

而全面地表达出它的形状和大小，并且能够按图进行施工呢？图 2-1-10 所示中的空间里有三个不同的形体，它们在同一个投影面 H 的投影却是相同的。因此，在正投影中，形体在一个投影面内的投影，一般是不能真实反映空间物体的形状和大小的。这样，需要多设一个投影面 V，让其与投影面 H 垂直，从图 2-1-11 所示中可以看出，通过两面投影能够确定形体 A 的形状。但在图 2-1-11 中形体 A 用两个投影还不能唯一确定它的形状，因为形体 A 与形体 B 的 H、V 面投影相同。这意味着用形体 A 的 H、V 面投影来确定它的形状是不够的。在这种情况下，还要增加一个同时与 H 面和 V 面垂直的投

影面W。从图2-1-12所示中可以看出，形体A的H、V、W投影所确定的形体是唯一的，不可能是B、C或其他。

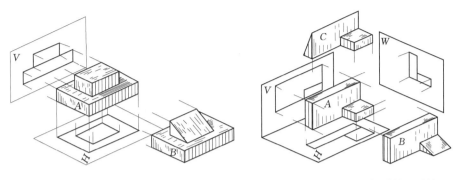

图2-1-11　形体的两面投影图　　　　图2-1-12　三面投影的必要性

1. 三面正投影图的建立

通过上述分析可知，对于空间物体，需要三面投影才能准确而全面地表达出它的形状和大小。如图2-1-13所示，H、V、W面组成三面投影体系，三个互相垂直的投影面中，水平放置的投影面H称为水平投影面；正对观察者的投影面V，称为正立投影面；右面侧立的投影面W，称为侧立投影面。这三个投影面分别两两相交，交线称为投影轴。其中，H面与V面的交线称为OX轴；H面与W面的交线称为OY轴；V面与W面的交线称为OZ轴。不难看出，OX轴、OY轴、OZ轴是三条相互垂直的投影轴。三个投影面或三个投影轴的交点O，称为原点。将形体放置于三面投影体系中，按正投影原理向各投影面投影，即可得到形体的水平投影（或H投影）、立面投影（或V投影）、侧面投影（或W投影），如图2-1-14所示。

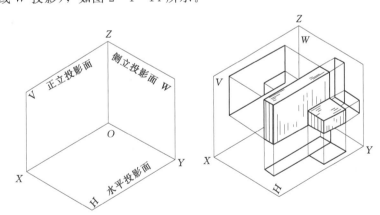

图2-1-13　三面投影的建立

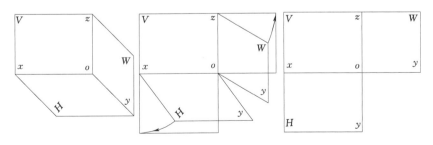

图2-1-14　三面投影的展开

2. 三面正投影的展开

按照上述方法在三个互相垂直的投影面中画出形体的三面投影图分别在 H 面、V 面、W 面三个平面上，如图 2-1-15（a）所示，为了方便作图和阅读图样，实际作图时需将形体的三个投影表现在同一平面上，这就是需要将三个互相垂直的投影面展开在一个平面上，即三面投影图的展开。展开三个投影面时，规定正立投影面 V 固定不动，将水平投影面 H 绕 OX 轴向下旋转 90 度，将侧立投影面 W 绕 OZ 轴旋转 90 度，如图 2-1-15（b）所示。这样，三个投影面位于一个平面上，形体的三个投影也就位于一个平面上。

三个投影面展开后，三条投影轴成为两条垂直相交的直线，原 OX 轴、OZ 轴位置不变，原 OY 轴则被一分为二，一条随 H 面转到与 OZ 轴在同一铅垂线上，标注为 OYH；另一条随 W 面转到与 OX 轴在同一水平线上，标注为 OYW 以示区别，如图 2-1-15（c）所示。

由 H 面、V 面、W 面投影组成的投影图，称为形体的三面投影图。如图 2-1-15（c）所示。

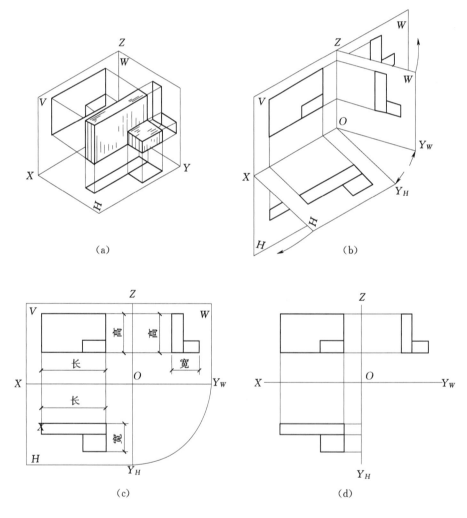

(a) (b) (c) (d)

图 2-1-15　三面投影体系的展开与三面投影

投影面是假想的，且无边界，故在作图时可以不画其外框，如图 2-1-15（d）所示。在工程图纸上，投影轴也可以不画。不画投影轴的投影图，称为无轴投影。

3. 三面正投影的规律

（1）三面投影的位置关系。以正面投影为基准，水平投影位于其正下方，侧面投影位于正右方，如图 2 - 1 - 15（c）所示。

（2）三面投影的"三等"关系。我们把 OX 轴向尺寸称为"长"，OY 轴向尺寸称为"宽"，OZ 轴向尺寸称为"高"。从图 2 - 1 - 16 中可以看出，水平投影反映形体的长与宽，正面投影反映形体的长与高，侧面投影反映形体的宽与高。因为三个投影表示的是同一形体，所以无论是整个形体，或者是形体的某一部分，它们之间必然保持下列联系，即"三等"关系：水平投影与正面投影等长且要对正，即"长对正"；正面投影与侧面投影等高且要平齐，即"高平齐"；水平投影与侧面投影等宽，即"宽相等"。

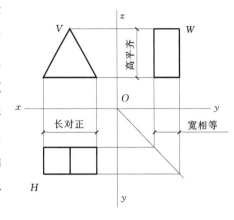

图 2 - 1 - 16　三棱柱的正投影

（3）三面投影与形体的方位关系。

形体对投影面的相对位置一经确定后，形体的前后、左右、上下的方位关系就反映在三面投影图上。由图 2 - 1 - 17 所示中可以看出，水平投影反映形体的前、后和左、右的方位关系；正面投影反映形体的左、右和上、下的方位关系；侧面投影反映形体的前、后和上、下的方位关系。

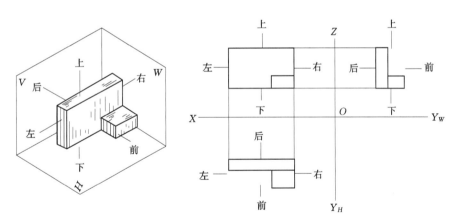

图 2 - 1 - 17　投影方位在三面投影上的反映

（三）正投影的基本规律

任何园林设计形体都可以看成是由点、线、面组成的。因此，研究园林设计形体的正投影规律，可以从分析点、线、面的正投影的基本规律入手。

1. 点、线、面的正投影

（1）点的正投影规律。

点的正投影仍为一点，如图 2 - 1 - 18 所示。

（2）直线的正投影规律。

1）当直线平行于投影面时，其投影仍为直线，并且反映实长，$AB=ab$，如图 2 - 1 - 19（a）所示。

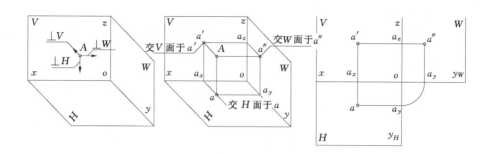

图 2-1-18　点的正投影

2）当直线垂直于投影面时，其投影积聚为一点，如图 2-1-19（b）所示。

3）当直线倾斜于投影面时，其投影仍为直线，但其长度缩短，$ab < AB$，如图 2-1-19（c）所示。

4）直线上一点的投影，必在该直线的投影上，如图 2-1-19（b）所示，C 在 AB 上，则 C 的投影 c 必在 AB 的投影 ab 上。

5）一点分直线为两线段，则两线段之比等于两线段投影之比，如图 2-1-19（a）、图 2-1-19（c）所示，$ac : ab = AC : AB$。

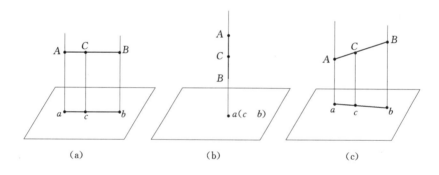

图 2-1-19　直线的正投影

（3）平面的正投影规律。

1）当平面平行于投影面时，其投影仍为平面，并反映实形，即形状、大小不变 $SABCD = Sabcd$，如图 2-1-20（a）所示。

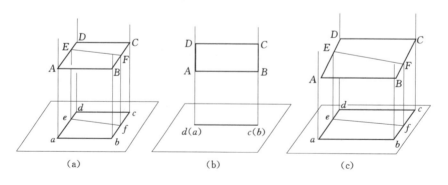

图 2-1-20　平面的正投影

2）当平面垂直于投影面时，其投影积聚为一直线，如图 2-1-20（b）所示。

3）当平面倾斜于投影面时，其投影仍为平面，但面积缩小，$Sabcd < SABCD$，如图 2-1-20（c）所示。

4）平面上一直线的投影，必在该平面的投影上，如图 2-1-20（a）、图 2-1-20（c）所示，直线 EF 在平面 $ABCD$ 上，则 ef 必在平面 $abcd$ 上。

5）平面上一直线分平面的面积比等于其投影所分面积比，如图 2-1-20（a）、图 2-1-20（c）所示，$SABFE：SABCD = Sabfe：Sabcd$。

2. 正投影的基本规律

综上所述，由点、线、面正投影的规律，可以总结出正投影的基本规律：

（1）实形性。

直线（或平面图形）平行于投影面，其投影反映实长（或平面实形）。

（2）积聚性。

直线（或平面图形）垂直于投影面，其投影积聚为一点（或一直线）。

（3）相仿性。

直线（或平面图形）与投影面倾斜，其投影缩短（或面积缩小），但与原来的形状相仿。

（4）从属性。

点在直线上，则点的投影必在直线的投影上；点（或直线）在平面上，则点（或直线）的投影必在该平面的投影上。

（5）定比性。

点分线段所成的比例，等于点的正投影所分线段的正投影的比例；直线分平面所成的面积比，等于直线的正投影所分平面的正投影的面积比。

任务二　点、线、面的投影原理

一、任务分析

图 2-2-1 为甘肃省地矿局一堪院庭院绿化设计效果图，设计主要要素有假山、花架、小广场、铺装道路、亭子及园林植物配置，为了表达各要素之间的位置关系和尺寸关系，设计者绘制图 2-2-2 所示绿化设计平面图，绘制该平面图主要园林要素在水平面上的水平投影。图 2-2-3 所示为花架设计施工图，其本质是绘制花架各构件棱线、顶点的投影。庭院绿化园路施工图中，道路断面图的绘制，是在道路设计平面图中，适当的位置选择剖切平面，绘制剖、断面图，其绘制过程实质是绘制剖切平面与实体交面的投影如图 2-2-4 所示。广场施工图中，广场平面图的绘制是绘制广场边缘轮廓线在水平面上的投影，如图 2-2-5 所示。掌握构成园林设计实体点线面投影作图的基本原理，是实现绘制园林设计平面图和立面图最基本的能力要求，同时也可以培养提高学生的空间思维能力。

图2-2-1 甘肃省地矿局一勘院庭院绿化设计效果图

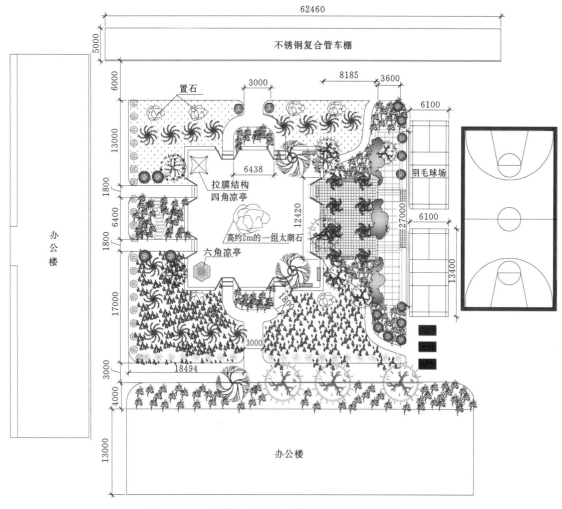

图2-2-2 甘肃省地矿局一勘院庭院绿化设计平面图

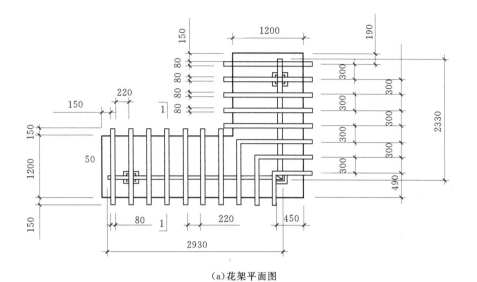

（a）花架平面图

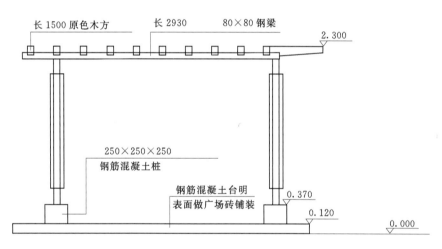

（b）花架立面图

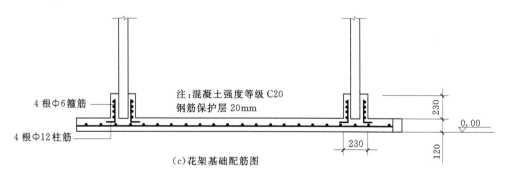

（c）花架基础配筋图

图 2-2-3　花架设计施工图

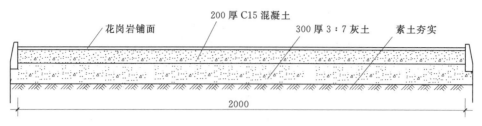

主干道施工纵断面图

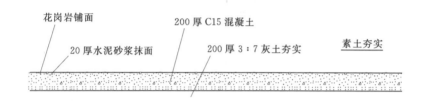

图 2-2-4 园路设计施工图

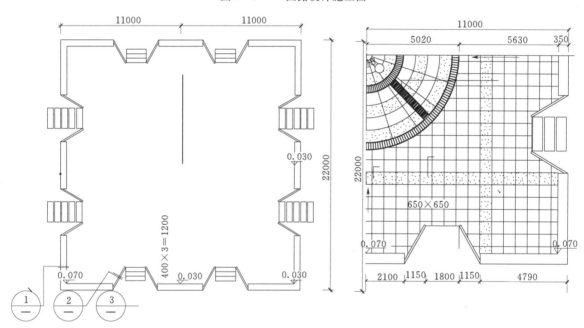

图 2-2-5 广场施工图

二、点的三面投影

1. 点的表示方法

投影作图中规定,空间形体上的几何元素用大写字母表示,它们的投影用相应的小写字母表示。为了区分不同投影面上的投影,还规定水平投影用相应的小写字母、正面投影用相应的小写字母加一撇、侧面投影用相应的小写字母加两撇表示。如空间点 A,其投影分别用 a、a' 和 a'' 表示。如图 2-2-6所示。

2. 点的三面投影

设空间有一点 A,将它放在三面投影体系中,过 A 点分别向 H、V 和 W 面作投影线,投影线与三投影面的交点即为点 A 的三面投影。即水平投影 a,正面投影 a' 和侧面投影 a''。

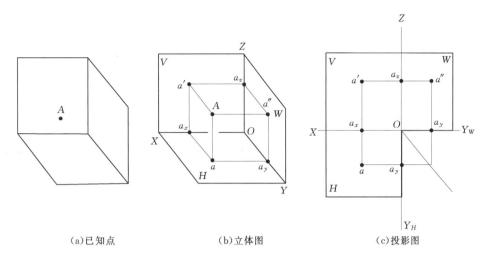

(a)已知点　　　　　　　(b)立体图　　　　　　　(c)投影图

图 2 - 2 - 6　点的投影

点的两面投影连线与投影轴相交处一般可不必标注，如需要标注时，可用相应的小写字母在其右下角加上投影轴的代号即可，如 a_x，a_z，a_{yh}，a_{yW}。

3. 点的投影规律

从图 2 - 2 - 6 中可以看出，过点 A 向 H 面和 V 面所作的投影线 Aa、Aa' 确定了一个平面 $Aa'aXa$，这个平面同时垂直于 H 面和 V 面。因此，该平面与 H 面和 V 面的交线必互相垂直，即 aaX 垂直于 $a'aX$，aaX 垂直于 OX。当三投影面展开后（图 2 - 2 - 6），点 A 的水平投影 a 和正面投影 a' 的连线，必垂直于 OX 轴，即 aa' 垂直于 OX。由此可得：一点的两面投影连线，必定垂直于相应的投影轴。

从矩形平面 $Aa'aXa$ 可知，$a'aX = Aa$，$aaX = Aa'$，而 Aa 和而 Aa' 分别表示空间点 A 到 H 面和 V 面的距离，因此 a' 到 OX 轴的距离 $a'aX$，即表示点 A 到 H 面的距离，而 a 到 OX 轴的距离 aaX 即表示点 A 到 V 面的距离。同理 a 到 OY 轴或 a' 到 OZ 轴的距离 $aaYH$ 或 $a'aZ$，表示点 A 到 W 面的距离。由此可得：一点到某一投影面的距离，等于该点在另一投影面上的投影到其相应投影轴的距离。

分析点的三面投影规律如下。

（1）点的水平投影与正投影的连线垂直于 OX 轴。点的水平投影到 OY 轴的距离，等于正面投影到 OZ 轴的距离，它们都反映点到 W 面的距离。

（2）点的正面投影和侧面投影的连线垂直于 OZ 轴。点的正面投影到 OX 轴的距离，等于侧面投影到 OY 轴的距离，它们都反映点到 H 面的距离。

（3）点的水平投影到 OX 轴的距离，等于侧面投影到 OZ 轴的距离，它们都反映点到 V 面的距离。

由以上规律可知：只要给出点的任意两面投影，就可以求出其第三面投影。

4. 重影点

在某一个投影面上投影重合的两个点，称为该投影面的重影点。如图 2 - 2 - 7 所示，空间 A、B 两点，同时在一根垂直于 H 面投影线上，其 H 投影重合在一起。向 H 面作投射时，投射线先遇到点 A，后遇到点 B。点 A 位可见点，点 B 位不可见点，不可见点投影应加以括号。空间 C、D 两点，同时在一根垂直于 V 面投影线上，其 V 投影重合在一起。向 V 面作投射时，投射线先遇到点 C，后

遇到点 D。点 C 位可见点，点 D 位不可见点，不可见点投影应加以括号。

- 正面投影——前遮后
- 水平投影——上遮下
- 侧面投影——左遮右

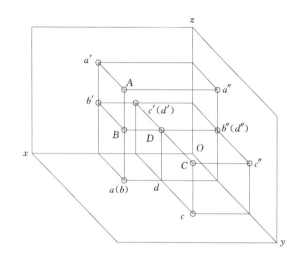

图 2-2-7　重影点的投影

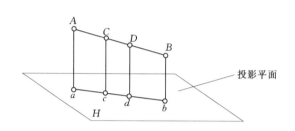

图 2-2-8　直线的投影

三、直线的投影

（一）各种位置直线的投影

直线是点的集合。要作直线的投影，实质上就是直线上各点投影的集合。

如图 2-2-8 所示，作直线 AB 在 H 面上的投影的方法：过 AB 上的点 A、C、D、B，向 H 面作投影线得各交点，把 H 面的交点连接起来，即得直线 AB 在 H 面上的投影 ab。因为过 AB 上各点向 H 面所作的投影线均垂直于 H 面，所以 AB 在 H 面上的投影仍为直线；一般情况下：直线的投影仍为一条直线。

表 2-2-1　　　　　　　　　　　　　投影面平行线的投影特性

名　称	空间位置及空间直观图	投影图	投　影　特　征
水平线			1. 水平投影反映实长，并反映与 V、W 面的夹角 β、γ 2. 正面投影比实长缩小，但平行于 OX 轴 3. 侧面投影比实长缩小，但平行于 OY 轴
正平线			1. 正面投影反映实长，并反映与 H、W 面的夹角 α、γ 2. 水平投影比实长缩小，但平行于 OX 轴 3. 侧面投影比实长缩小，但平行于 OZ 轴

续表

名 称	空间位置及空间直观图	投影图	投 影 特 征
侧平线	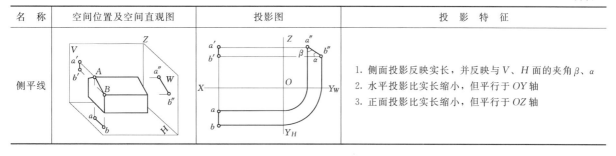		1. 侧面投影反映实长，并反映与 V、H 面的夹角 β、α 2. 水平投影比实长缩小，但平行于 OY 轴 3. 正面投影比实长缩小，但平行于 OZ 轴

在三面投影体系内，直线相对于投影面有三种不同的位置。

（1）平行于某一个投影面而倾斜于另外两个投影面的直线，称为投影面平行线。

（2）垂直于某一个投影面而平行于另外两个投影面的直线，称为投影面垂直线。

（3）与三个投影面都倾斜的直线，称为一般位置直线。

投影面平行线和投影面垂直线，称为特殊位置直线。倾斜于投影面的直线与投影面之间的夹角，称为直线对投影面的倾角。直线对 H、V 和 W 面的倾角，分别用 α、β 和 γ 表示。

1. 投影面的平行线

（1）投影面平行线

直线只平行于 H 面，称为水平面平行线，简称水平线。

直线只平行于 V 面，称为正面平行线，简称正平线。

直线只平行于 W 面，称为侧面平行线，简称侧平线。

（2）投影面平行线的投影及其投影特征

由表 2-2-1 可得出投影面平行线的投影特性为：直线平行于某一投影面，则在该投形面上的投影，反映直线的实长及直线对其他两个投影面的倾角。在另外两个投影面上的投影，分别平行于相应的投影轴，但不反映实长。

2. 投影面的垂直线

（1）投影面垂直线的分类。

直线垂直于 H 面，称为水平面的垂直线，简称铅垂线。

直线垂直于 V 面，称为正面垂直线，简称正垂线。

直线垂直于 W 面，称为侧面垂直线，简称侧垂线。

（2）投影面垂直线的投影及其投影特征。

铅垂线、正垂线和侧垂线的投影及投影特性见表 2-2-2。可得出投影面垂直线的投影特性为：直线垂直于某一投影面，则在该投影面上的投影积聚成一点。在另外两个投影面上的投影分别垂直于相应的投影轴，且反映实长。

3. 一般位置直线

图 2-2-9 为一般位置直线的投影图。根据直线的投影特性，当直线与投影面倾斜时，它的投影仍为直线，但长度缩短。由于一般位置直线和三个投影面都倾斜所以它在三个投影面的投影均为直线，且长度缩短。

表 2-2-2　　　　　　　　　铅垂线、正垂线和侧垂线的投影及投影特性

名称	空间位置及空间直观图	投影图	投 影 特 征
铅垂线	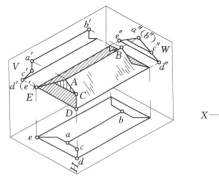		1. 水平投影集聚为一个点 2. 正面投影反映实长，并垂直于 OX 轴 3. 侧面投影反映实长，并垂直于 OY 轴
正垂线			1. 正面投影集聚为一个点 2. 水平投影反映实长，并垂直于 OX 轴 3. 侧面投影反映实长，并平行于 OY 轴
侧垂线			1. 侧面投影集聚为一个点 2. 水平投影反映实长，并平行于 OX 轴 3. 正面投影反映实长，并垂直于 OZ 轴

由此可见：一般位置直线的三个投影与投影轴都处于倾斜位置，且不反映实长。其投影与投影轴的夹角，也不反映直线对投影面的倾角。

4. 作直线投影的方法

要作直线的投影，只要作出直线上两个端点的投影，将其同面投影相连，即得直线的投影，如图 2-2-9。

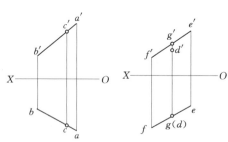

图 2-2-9　各种位置直线的投影　　　　图 2-2-10　判别点是否在直线上

（二）直线上的点

判断点在直线上的方法：

一般情况下，判断点是否在直线上，可由它的任意两个投影来决定，如图 2-2-10 所示。

如果直线平行于某个投影面时，还应根据直线在所平行的投影面上的投影，才能判断点是否在直

线上，如图 2 - 2 - 11 所示。

四、平面的投影

（一）平面的表示方法

在投影图上表示平面的方法有两种。

1. 用几何元素表示平面

（1）不在同一直线上的三点表示一个平面，见图 2 - 2 - 12 （a）。

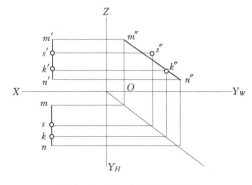

图 2 - 2 - 11 侧平线上的点

（2）一直线和线外一点表示一个平面见图 2 - 2 - 12 （b）。

（3）相交两直线表示一个平面见图 2 - 2 - 12 （c）。

（4）平行两直线表示一个平面见图 2 - 2 - 12 （d）。

（5）平面图形（如三角形、圆、多边形等）表示一个平面见图 2 - 2 - 12 （e）。

在上述用几何元素表示平面的方法中，较多采用平面图形来表示一个平面。这个平面图形可只表示其本身，也可表示其本身在内的一个无限广阔的平面，我们统称为平面。

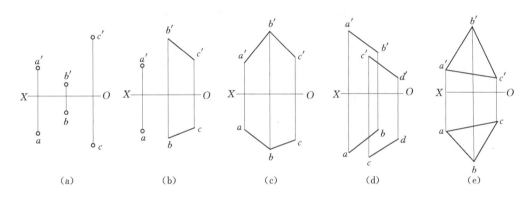

| (a) | (b) | (c) | (d) | (e) |

图 2 - 2 - 12 用几何元素表示平面

2. 用迹线表示平面

前面讲过，平面可以理解为是无限广阔的，这样平面必然要与投影面产生交线。这种平面与投影面的交线称为迹线（图 2 - 2 - 13）。有一平面 P，它与 H 面的交线称为水平迹线，用 P_H 表示；与 V 面的交线称为正面迹线，用 P_V 表示；与侧面的交线称为侧面迹线，用 P_W 表示。平面 P 与投影轴的

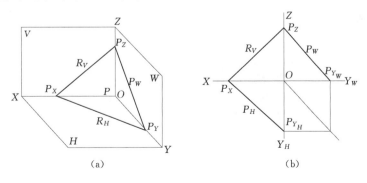

| (a) | (b) |

图 2 - 2 - 13 用迹线表示平面

交点，即是两迹线的集合点，分别用 P_X、P_Y 和 P_Z。

（二）各种位置平面的投影

在三面投影体系中，平面相对于投影面，有三种不同的位置。

（1）即平行于某个投影面而垂直于另外两个投影面的平面，称为投影面平行面。

（2）垂直于某个投影面而倾斜于另外两个投影面的平面，称为投影面垂直面。

（3）倾斜于三个投影面的平面，称为一般位置平面。

投影面平行面与投影面垂直面，统称为特殊位置平面。平面与投影面之间的夹角称为倾角，平面对 H 面、V 面和 W 面的倾角，分别用 α、β 和 γ 表示。

1. 投影面平行面

平行于某个投影面而垂直于另外两个投影面的平面，称为投影面平行面。

（1）投影面平行面分为三种。

1）平行于水平投影面的平面，称为水平面平行面，简称为水平面。

2）平行与正立投影面的平面称为正面平行面，简称正平面。

3）平行于侧立投影面的平面，称为侧面平行面、简称为侧平面。

（2）投影面平行面的投影及投影特征。

水平面、正平面和侧平面的投影特征见表 2-2-3。

由此可知：平面平行于某个投影面，则平面在该投影面上的投影反映实形，在另外两个投影面上的投影积聚为一条直线，且分别平行于相应的投影轴。

表 2-2-3 水平面和正平面和侧平面的投影特征

名称	空间位置及空间直观图	投影图	投 影 特 征
水平面			1. 水平投影反映实形 2. 正面投影积聚为一条直线，并平行于 OX 轴 3. 侧面投影积聚为一条直线，并平行于 OY 轴
正平面			1. 正面投影反映实形 2. 水平投影积聚为一条直线，并平行于 OX 轴 3. 侧面投影积聚为一条直线，并平行于 OZ 轴
侧平面			1. 侧面投影反映实形 2. 正面投影积聚为一条直线，并垂直于 OX 轴 3. 水平投影积聚为一条直线，并平行于 OY 轴

2. 投影面垂直面

垂直于某个投影面而倾斜于另外两个投影面的平面，称为投影面垂直面。

（1）投影面垂直面一般分为三种。

1）垂直于 H 面的平面称为水平面垂直面，简称铅垂面。

2）垂直于 V 面的平面称为正面垂直面，简称正垂面。

3）垂直于 W 面的平面称为侧面垂直面，简称侧垂面。

（2）投影面垂直面的投影及投影特征。

铅垂面、正垂面和侧垂面的投影特征如表 2-2-4 所示。

表 2-2-4　　　　　　　铅垂面、正垂面和侧垂面的投影特征

名称	空间位置及空间直观图	投影图	投影特征
铅垂面			1. 水平投影积聚为一条直线，并反映与 V、W 面的夹角 β、γ 2. 正面投影与侧面投影均反映原几何形状，但比实形面积小
正垂面			1. 正面投影积聚为一条直线，并反映与 H、W 面的夹角 α、γ 2. 水平投影与侧面投影均反映原几何形状，但比实形面积小
侧垂面			1. 侧面投影积聚为一条直线，并反映与 V、H 面的夹角 β、α 2. 水平投影与正面投影均反映原几何形状，但比实形面积小

由此可知：平面垂直于某个投影面，则在该投影面上的投影积聚为一直线，此直线与两投影轴的夹角，分别反映平面对其他两投影面的倾角；在其他两个投影面上的投影为该平面的相似形。

3. 一般位置平面

对三个投影面都倾斜的平面，称为一般位置平面。一般位置平面的任何一个投影，既不反映平面图形的实形，也没有积聚性。一般位置平面的各个投影，仍是平面图形，且为空间图形的相似形。

（三）作平面投影的方法

当平面用几何元素表示时，求作平面的投影，实质上也就是求作组成平面的点和直线的投影。

任务三　基本形体的投影

一、立体的三视图及投影规律

由若干个平面或曲面围成的形体称为立体。棱柱、棱锥、圆柱、圆锥、圆球等常见的立体称为基

本几何体，简称基本体，如图 2-3-1 所示。基本体包括平面立体和曲面立体两种。

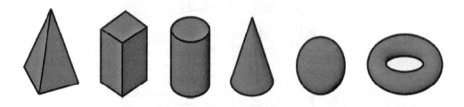

图 2-3-1　基本体

平面立体：由平面围成的基本体称为平面立体。常见的平面立体有棱柱、棱锥等。

曲面立体：由曲面或由平面和曲面围成的基本体称为曲面立体。常见的曲面立体有圆柱、圆锥、圆球、圆环等。掌握基本体的作图方法，是绘制和识读工程图样的基础。

二、平面立体的投影

由于平面立体是由点、线、面组成的，因此作平面立体的三视图，可归结为绘制其各表面、棱线及各顶点的投影。作图时应注意判别其可见性，要把可见棱线的投影画成粗实线，不可见棱线的投影画成虚线。

（一）棱柱

1. 棱柱的投影

棱柱由两个端面和若干个侧面组成，两个端面是全等且相互平行的多边形，侧面为平行四边形，相邻两侧面的交线称为棱线，棱线相互平行。侧面与端面垂直的棱柱称为正棱柱，正棱柱的侧面为矩形。本节只讨论正棱柱的投影。

投影分析：以图 2-3-2 （a）所示的正六棱柱为例，其上下两端面均为水平面，水平投影反映两端面的实形，正面投影和侧面投影均积聚为一条直线。由于 6 个侧面均与水平投影面垂直，所以各侧面在水平投影面上的投影均有积聚性，分别与顶面、底面边线的水平投影重合。前后两个侧面为正平

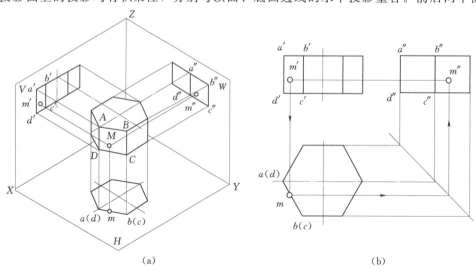

（a）　　　　　　　　　　　　　　　　　（b）

图 2-3-2　正六棱柱的投影及表面取点

面，与 V 面投影重合，且反映实形，W 面投影都积聚成平行于 Z 轴的直线；其余 4 个侧面都为铅垂面，V 面和 W 面投影均为实形的相似形，且两侧面投影对应重合。

作图步骤：先画出对称图形的中心线、对称线，再画出反映上下两个端面实形的水平投影，即正六边形，再根据投影规律画出另外两个投影面的积聚投影，最后根据投影规律画侧棱的各面投影，注意侧棱投影的可见性。当多种图线发生重叠时，应按粗实线、虚线、点划线的顺序绘制，正六棱柱的三视图如图 2-3-2（b）所示。

2. 棱柱表面的点

棱柱表面上取点与平面上取点的方法相同，先确定点所在的平面，根据该平面的投影特性来确定点的投影。若该平面垂直于某一投影面，则点在该投影面上的投影必定落在此平面的积聚性投影上。

【**例 1**】　已知棱柱表面上 M 点的正面投影 m'，求作 M 点的其他两投影 m、m''。

分析并作图：如图 2-3-2（b）所示，因为 M 点的 V 面投影 m' 可见，所以 M 点必在侧面 $ABCD$ 上。此侧面是铅垂面，其水平投影积聚成直线，M 点的 H 面投影 m 必在该线上，由 m' 和 m 可求得 W 面投影 m''。由于侧面 $ABCD$ 的 W 面投影可见，故 m'' 可见。

（二）棱锥

1. 棱锥的投影

投影分析：以图 2-3-3 所示的正三棱锥为例。正三棱锥底面 ABC 为水平面，其 H 面投影反映底面实形，V 面和 W 面投影分别积聚成直线；该棱锥的后侧面 SAC 为侧垂面，它的 W 面投影积聚成一条斜线，其 V 面和 H 面的投影为 $\triangle SAC$ 的相似形；左右两个侧面 SAB 和 SBC 为一般位置平面，它在 3 个投影面上的投影均为相似形；根据各侧面及底面之间的位置关系，判定其在投影面上投影的可见性。各条棱线的投影请读者自行分析。

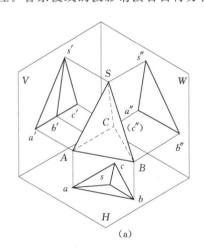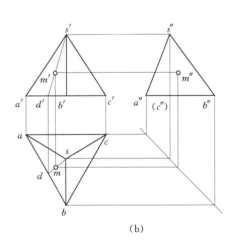

(a)　　　　　　　　　　　　　　　(b)

图 2-3-3　三棱锥的投影及表面取点

作图步骤：先画底面三角形的水平投影及其在另外两个投影面上的投影，再画锥顶的各面投影，最后作锥顶点与底面各顶点的连线，判别各棱线投影的可见性，绘出三棱锥的三面投影。

2. 棱锥表面的点

首先确定点所在的平面，根据点所在的平面来确定点的投影，在特殊位置平面上点的投影可利用平面投影的积聚性作出，在一般位置平面上点的投影可用辅助线法求出。

【例2】 已知正三棱锥表面上 M 点的正面投影 m'，求作 M 点的其他两面投影 m、m"。

分析并作图：如图2-3-3（b）所示，因为 M 点的 V 面投影 m' 可见，且在 s'a'b' 内，所以 M 点必在侧面 SAB 上。侧面 SAB 是一般位置平面，因此采用辅助线法求 M 点的另外两面投影。过 M 点及锥顶点 S 作一条辅助线，与底边 AB 交于 D 点，作出直线 SD 的 H 面投影，根据 M 点在直线 SD 上的投影特性，作出 M 点的 H 面投影 m，最后根据点的投影特性，作出 W 面的投影 m"。

此外，还可在点所在的侧面上，过所求点任作一条直线，亦可求出该点另外两面的投影。

三、曲面立体的投影

曲面立体是由曲面或由平面和曲面所围成的几何形体。在工程中，常见的曲面立体有圆柱、圆锥、圆球和圆环等，这些都是曲面立体中最基本的形体。曲面立体中的曲面可以看成是由直线或曲线（称为母线）绕着一条直线（称为轴线）旋转而形成的，该曲面称为回转面，曲面立体也称为回转体。

（一）圆柱

1. 圆柱的投影

投影分析：如图2-3-4（a）所示，圆柱体由圆柱面和上、下两个端面组成。上、下两个端面为水平面，在 H 面上的投影反映端面圆实形，且两端面投影重合，其他两面投影积聚为直线；圆柱面垂直于 H 面，在 H 面上的投影积聚为一圆周。圆柱面上最左、最右两条素线 AA_1、BB_1 的正面投影 $a'a'_1$、$b'b'_1$，是圆柱面正面转向轮廓线，它是圆柱面在正面投影中（前半个圆柱面）可见和（后半个圆柱面）不可见部分的分界线，这两条轮廓线 AA_1、BB_1 的水平投影与端面圆中心线的水平投影重合，W 面投影与圆柱轴线的 W 面投影重合，均省略不画。圆柱面上最前、最后两条素线的 W 面投影，是圆柱面的侧面转向轮廓线，具体分析同上。

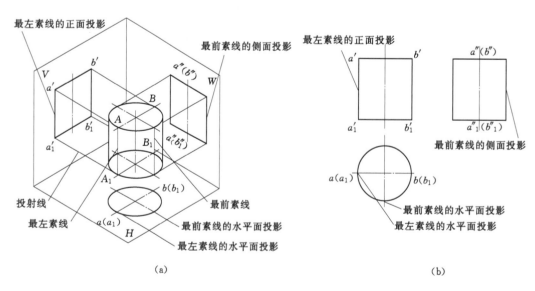

图2-3-4 圆柱的投影

作图步骤：如图2-3-4（b）所示，先画出圆的中心线和圆柱的轴线，然后画出端面和圆柱面有积聚性的投影，再根据投影关系画出圆柱的另外两面投影（为同样大小的两矩形）。

2. 圆柱面上取点

根据圆柱面的投影具有积聚性的特点，圆柱面上的点必定落在圆柱面上具有积聚性的投影上，由此可确定点的另外两面投影。

【例3】 如图2-3-5（a）所示，已知圆柱表面上 M 点和 N 点的 V 面投影 m′、n′，求作其他两面投影。

分析并作图：由 m′ 的位置及其可见性，可知 M 点必在前半个圆柱面上，根据该圆柱面水平投影具有积聚性的特点，m 必落在水平投影前半圆上，由 m、m′ 即可求出 m″。由于 N 点在圆柱的转向线上，所以其另外两投影可直接求出。最后根据点所在的位置判断点投影的可见性，作图过程如图2-3-5（b）所示。

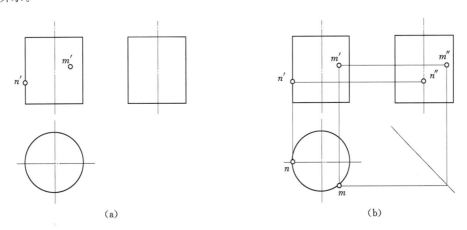

图2-3-5 圆柱表面取点

（二）圆锥

1. 圆锥的投影

投影分析：如图2-3-6（a）所示，圆锥底面为水平面，其水平投影为反映底面实形的圆。底面的正面和侧面投影均积聚为直线，长度等于底圆的直径。圆锥面为一般位置曲面，其水平投影为圆，且与圆锥底面的水平投影重合，整个圆锥面的水平投影都可见，而圆锥底面的水平投影不可见。正面和侧面的投影均为大小相等的等腰三角形。

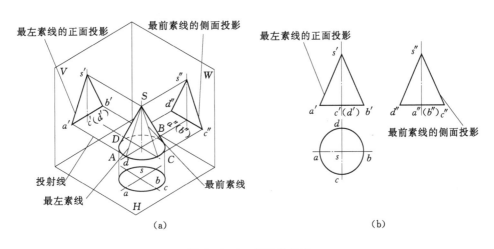

图2-3-6 圆锥的投影

圆锥面上最左、最右两条素线 SA、SB 的正面投影 $s'a'$、$s'b'$，是圆锥面正面投影的转向轮廓线，它是圆锥面在正面投影中（前半个圆锥面）可见和（后半个圆锥面）不可见部分的分界线，在正面投影中需要画出。这两条轮廓线 SA、SB 的水平投影与圆锥底面中心线的水平投影重合，侧面投影与圆锥轴线的侧面投影重合，均省略不画。圆锥面上最前、最后两条素线 SC、SD 的侧面投影 $s''c''$、$s''d''$ 是圆锥面的侧面投影的转向轮廓线，具体分析同上。

作图步骤：如图 2-3-6（b）所示，圆锥面是一条直线母线绕与它相交的轴线回转而成的。作图时，先画出轴线、中心线及平面圆的各面投影，再画出锥顶的投影，然后分别画出其外形轮廓线，完成圆锥的各面投影。

2．圆锥面上的点

圆锥面上取点，通常采用素线法和纬圆法。

【例 4】 已知圆锥表面上 M 点的正面投影 m'，求作 M 点的其他两面投影 m、m''。

投影分析：在回转面的形成过程中，母线移动到曲面上的任一位置时，称为曲面的素线。圆锥面上任一点与锥顶的连线均是圆锥面上的素线。作图时，可以通过先求素线的投影，再求素线上点的投影来找点，这种利用圆锥面上的素线求点的方法称为辅助素线法，简称为素线法。圆柱、圆锥、圆球和圆环在形成回转面时，母线上的各点都会随母线一起绕轴线旋转，形成回转面上的与轴线垂直的圆，称为纬圆。求圆锥面上点的投影，可先求出点所在纬圆的投影，再利用纬圆求出点的投影，这种方法称为纬圆法。

作图步骤：如图 2-3-7 所示，由于 m' 可见，因此 M 点必在前半个圆锥面上，具体作图方法如下。

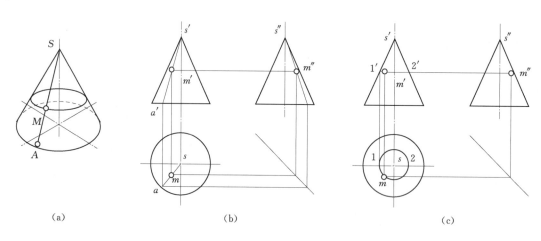

（a） （b） （c）

图 2-3-7 圆锥面取点

（1）素线法。如图 2-3-7（b）所示，过锥顶 S 和 M 点作一辅助素线 SA，即连接 $s'm'$ 并延长到与底圆的正面投影相交，交点为 a'，根据 $s'a'$ 求得 sa 和 $s''a''$，再根据点在直线上的投影性质，由 m' 求出 m 和 m''。

（2）纬圆法。如图 2-3-7（c）所示，过 M 点作一个垂直于回转轴线的水平辅助圆，即纬圆，该纬圆的正面投影过 m'，且平行于底面圆的正面投影，它的水平投影为一直径等于 $1'2'$ 的圆，m 必在此圆周上，由 m' 和 m 求出 m''。

（三）圆球

1. 圆球的投影

投影分析：如图 2-3-8 所示，圆球的三面投影均为与其直径相等的圆。它们分别是三个不同方向的转向轮廓线的投影。正面投影上的圆是球面上平行于 V 面的最大正平圆的投影，该圆为圆球前半球面和后半球面的分界线，也是圆球正面投影的转向轮廓线。同理水平投影圆是球面上平行于 H 面的最大水平圆的投影，该圆为圆球上半球面和下半球面的分界线。侧面投影圆是球面上平行于 W 面的最大侧平圆的投影，它是圆球左半球面和右半球面的分界线。

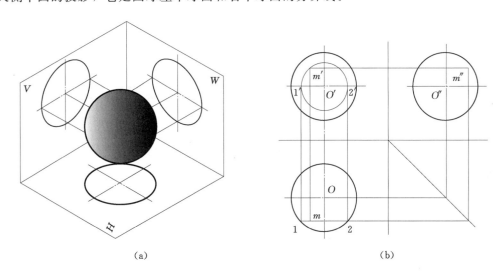

（a）   （b）

图 2-3-8 圆球的投影及表面取点

作图步骤：先画出三面投影中圆的对称中心线，其交点为球心的投影，然后再画出 3 个与球直径相等的圆，如图 2-3-8（b）所示。

2. 圆球面上的点

球表面取点，必须采用辅助圆法求其表面上点的投影。

【例 5】 如图 2-3-8（b）所示，已知球面上 M 点的 H 面投影 m，求 M 点的另外两面投影。

分析并作图：根据 M 点的 H 面投影 m 的位置和可见性，可知 M 点在前半球的左上部分，因此 M 点的三面投影均可见。采用辅助圆法求 M 点的投影。过点 m 在球面上作一个与 V 面平行的辅助圆（也可作平行于 H 面或 W 面的辅助圆），由于点在辅助圆上，因此点的投影必在辅助圆的同面投影上。求 M 点的 V、W 面投影时，应先在 H 面上过 m 点作球面轮廓线范围内的水平线 12，这根水平线就是包含 M 点的正平纬圆的 H 面投影，线段的长度就是这个纬圆的直径。根据纬圆的直径，直接作出纬圆的 V 面投影，然后在 V 面纬圆投影上求出 M 点的投影 m'，最后再根据 M 点的两面投影 m、m'，求其第三面投影 m''。

（四）圆环

1. 圆环的投影

投影分析：圆环由环面围成，环面由一圆母线绕一个与圆平面共面但不通过圆心的轴线回转而成。当回转轴线为铅垂线时，母线在回转过程中，母线的最高、最低点所形成的圆，分别称为最高圆和最低圆，它们是外环面与内环面的分界线；母线最左、最右点所形成的圆，分别称为最大圆和最小圆，它们是上环面和下环面的分界线。以轴线垂直于 H 面的圆环为例，如图 2-3-9 所示，圆环的 H 面投影是 3 个同心圆（其中两个实线圆，一个点画线圆），其 V 面投影和 W 面投影形状完全一样。圆环投影中的轮廓线是环面上相应转向轮廓线的投影。V 面投影中左、右两个圆是环面上平行于 V 面的两个圆的投影，即环面上最左、最右圆素线的投影，它们是前半个环面和后半个环面的分界线。W 面投影中前、后两个圆是环面上平行于 W 面的两个圆的投影，即环面上最前、最后圆素线的投影，它们是左半个环面和右半个环面的分界线。V 面和 W 面投影中上、下两直线是环面上最高和最低圆的投影。H 面投影中最大和最小两实线圆是环面上最大和最小圆的投影，并且是区分上、下环面的转向轮廓线，点画线圆是母线圆心的轨迹。

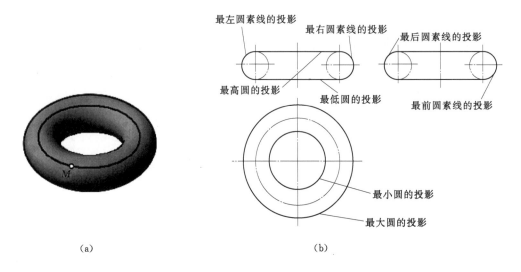

（a）　　　　　　　　　　　　　（b）

图 2-3-9　圆环的投影

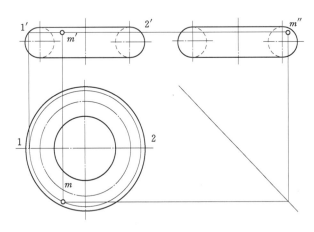

图 2-3-10　圆环表面取点

作图步骤：先画出圆环轴线及对称中心线，再画与轴线垂直的投影面上的投影，即 3 个同心圆（两个实线圆，一个点画线圆），然后画另外两个投影面的投影（形状相同）。

2. 圆环面上的点

在环面上取点采用辅助圆法。

【例 6】　已知圆环面上 M 点的正面投影 m'，求作 M 点的另外两面投影 m、m''。

分析并作图：如图 2-3-10 所示，由 M 点的 V 面投影 m' 所在的位置及可见性，可知 M 点位于外环面的前左上方，其在 H、W 面上的投影 m、m'' 均可见。先过 M 点作一平行于 H 面的辅助圆，该辅助圆在 V 面的投影为过 m' 的直线 $1'2'$，它的 H 面投影为一直径等于线段 $1'2'$ 长的圆，M 点的 H 面投影 m 必在此圆周上，过 m' 作投影线求出 m，最后再由 m、m' 求出 m''。

任务四 组合体的投影

组合体是基本几何体按一定的形式组合起来的形体，组合体的形成方式通常分为叠加类、切割类、综合类三种。叠加型组合体是由若干个简单的基本几何体叠合而成，如图2-4-1所示。切割组合体是将一个完整的基本几何体切割或者穿孔后形成的，如图2-4-2所示。

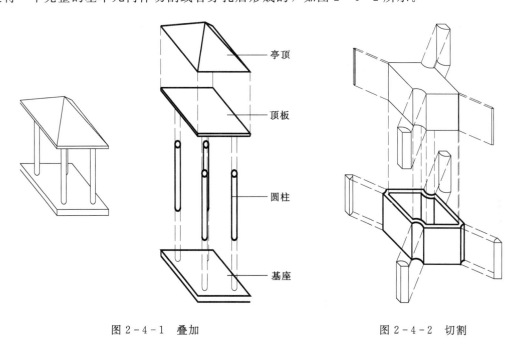

图2-4-1 叠加   图2-4-2 切割

一、任务分析

掌握组合体的形体分析方法，并能够用形体分析的方法画组合体的三视图和标注尺寸；熟练掌握根据组合体的两个视图求第三个视图的原理和方法；掌握分析组合体的组合特点，根据已有视图补求视图缺漏的线。

二、组合体的构成分析

由简单的立体形成组合体时，相邻立体上原有的表面将由于相互结合成为组合体的内部而不复存在；有些表面将连成同一表面；有些表面将被切割掉；有些表面将发生相交或相切等各种结合关系。而在画组合体的视图时，应该将上述表面的各种结合关系正确地表达出来。常见的有下列几种表面之间的连接关系。

1. 平齐关系

当简单立体上的两个平面相互平齐结合成为一个平面时，在它们之间就是共面关系，而不再有分界线。

2. 不平齐关系

当简单立体上的两个平面相互平齐结合不成为一个平面时，在它们之间就不共面，之间产生一错开的前后面，投影就有分界线。

3. 相交关系

当两简单立体的表面相交时，必须画出它们交线的投影。

4. 相切关系

当两简单立体的表面相切时，在相切处两表面是光滑过渡的，故该处的投影不应画出分界线。

只有在平面与曲面或两曲面之间才会出现相切的情况。画图时，当与曲面相切的平面或两曲面的公切面垂直于投影面时，在该投影面上的投影要画出相切处的投影轮廓线，否则不应画出公切面的投影。

三、画图方法和步骤

正确的画图方法和步骤是保证绘图质量的关键。在画组合体的三视图时，应分清主次，先画主要部分，后画次要部分，先画大的轮廓，后画细部结构；在画每一部分时，要先画反映该部分形状特征的视图，后画其他视图；要严格按照投影关系，画出每一组成部分的投影。

绘制组合体三视图的基本方法：形体分析法和线面分析法。

（一）形体分析法——"对、分、想、合"

用形体分析法绘制三视图，其步骤可用四个字概括："对"、"分"、"想"、"合"。"对"按照"长对正、高平齐、宽相等"对应找出各部分的其他投影，"分"从特征明显的投影视图着手，按线框把视图分成几部分，每一部分即为一基本形体；"想"即根据各部分的投影想象各部分的形状；"合"即根据各部分的相对位置综合想象出整体形状。如图2-4-3所示，利用形体分析法绘制组合体三视图的步骤。通过形体分析，该组合体是由三个长方体和一个四棱锥叠加形成的，首先绘制四个基本几何体 A、B、C、D 的正面投影，然后分别绘制 A、B、C、D 水平投影和立面投影，综合运用"对"、"分"、"想"、"合"的形体分析法，完成组合体三视图的绘制。

（二）线面分析法

线面分析法其步骤也可用四个字概括："分"、"对"、"想"、"合"。就是根据视图上的图线及线框，找出它们的对应投影，从而分析出形体上相应面的形状和位置。

当有些形体距基本形体相差很远，无法用形体分析法看懂时，可采用线面分析法。形体分析法是将基本体作为读图的基本单元，线面分析法将组成体的几何元素（主要是平面）作为读图的基本单元，通过分析组成体的各平面的位置和形状想象体的形状。由于平面在视图上一般反映为图线或线框，所以线面分析法是：根据视图上的图线及线框，找出它们的对应投影，从而分析出形体上相应线面的形状和位置，如图2-4-4所示。

例：绘制图2-4-1所示亭的三视图。

通过形体分析该亭主要由基座，基本形体为长方体；亭柱，基本形体为圆柱体；顶板，基本形体为长方体；亭顶，基本形体为四棱锥；四部分叠加组成的组合体，按照"对"、"分"、"想"、"合"的步骤，先绘制基座的三视图，然后分别绘制出亭柱、顶板、亭顶的三视图，如图2-4-5所示。

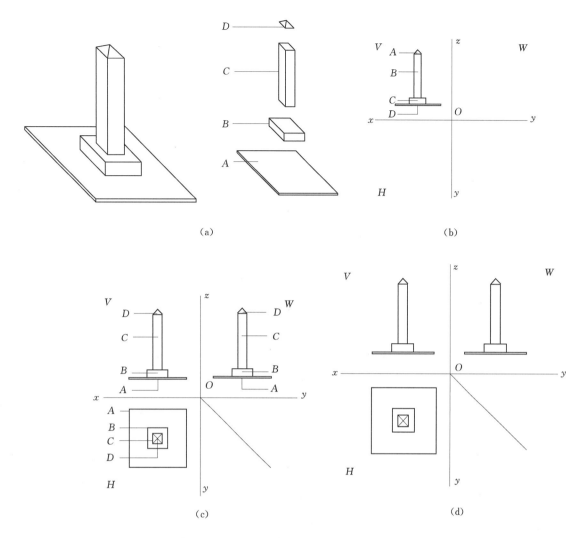

图2-4-3 利用形体分析法绘制组合体三视图

（三）组合体尺寸标注

1. 组合体尺寸标注的组成

为了能达到标注详尽的目的，园林设计图中一般有三道尺寸线，分别标注定形尺寸、定位尺寸、总体尺寸。

定形尺寸：即确定各部分形状大小的尺寸。要在形体分析的基础上，分别标注各部分的定形尺寸。

定位尺寸：确定组合体各部分相对位置的尺寸。标注定位尺寸时，要选定长、宽、高三个方向的定位基准，物体的端面、轴线和对称面均可作为定位基准。

总体尺寸：确定组合体总长、总宽、总高的尺寸。

2. 组合体尺寸标注的要求

（1）尺寸标注应"正确、详尽、清晰"。

1）尺寸正确，是指尺寸标注应符合第一章所述的尺寸标注的基本准则，更重要的是尺寸数字要与物体的实际尺寸吻合。

2）尺寸详尽，图中每个点都能定位，所有线段均有定位尺寸，并尽量避免重复标注。

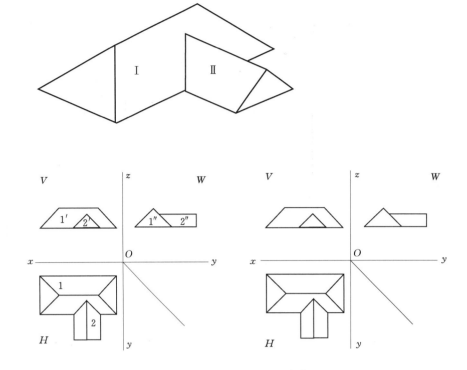

图 2 - 4 - 4   线面分析法绘制组合体三视图

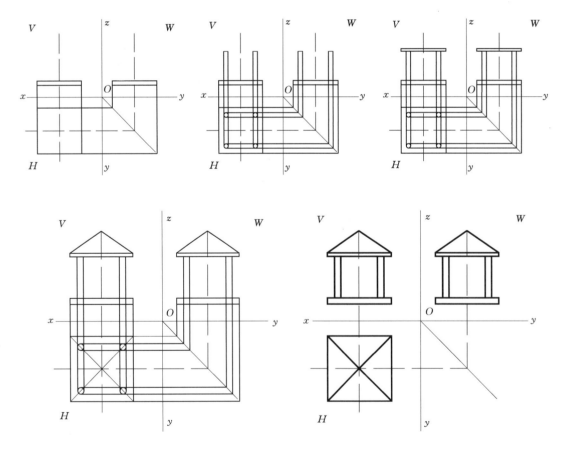

图 2 - 4 - 5   亭子三视图的绘制

3）尺寸清晰，为读图方便，所注尺寸应排列整齐，便于查找。

（2）标注时应注意以下几个问题。

1）尺寸应尽量标注在反映形体形状特征的视图上，而且要靠近被注线段，表示同一结构或形体的尺寸应尽量集中在同一视图上。

2）与两视图有关的尺寸，应尽量标注在两视图之间。

3）尽量避免在虚线上标注尺寸；尺寸线尽可能排列整齐。

3. 标注尺寸的方法和步骤

（1）运用形体分析方法，将组合体分解为一些简单立体，由此可以确定出需要标注哪些定形尺寸；再进一步分析组合体的各组成形体之间的组合方式和相对位置，从而确定出需要标注哪些定位尺寸。

（2）选定 x、y、z 三个方向的主要尺寸基准。

（3）逐个标出各组成形体的定形尺寸和定位尺寸。

（4）将尺寸进行调整，标出总体尺寸，去掉多余尺寸。

（5）检查尺寸有无多余及遗漏；是否符合国标规定，布置是否合理。

先标注定形尺寸或先标注定位尺寸，其结果是完全相同的，可根据个人习惯和形体的具体情况确定。

项目三

剖面图、断面图的绘制方法

主要内容： 本项目重点是通过园林施工设计阶段，园林分部工程施工图的绘制，引出剖面图、断面图的形成，掌握剖面图、断面图的作图方法和读图规律。

教学目标： 通过本项目的学习，为园林施工设计阶段，施工图的绘制提供理论基础。

重要性： 施工图是园林施工设计、园林工程概预算工程量计算、拟定园林建设流程的主要依据。

学习方法： 在掌握投影原理的基础上，多思考，多做练习以帮助理解。

任务一　剖面图的画法技能与技巧

一、任务分析

图 3-1-1 为楼梯的水平投影图形，只能反映其外部结构和尺寸，不能反映楼梯材料组成以及内部结构，为了更加准确反应楼梯的内部材料组成及构造，通常选择一适当的位置对楼梯进行剖切，绘制其剖面图，如图 3-1-2 所示。

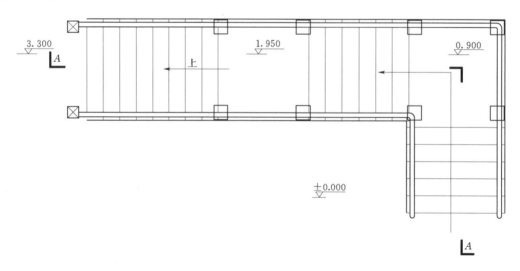

图 3-1-1　楼梯水平投影图

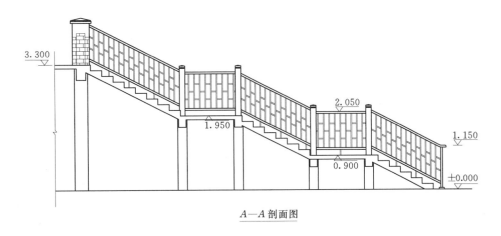

$A—A$ 剖面图

图 3-1-2 楼梯剖面图

二、剖面图的形成

正投影图能正确地表达形体的外部形状特征，但是内部结构只能用虚线表示，对于内部结构复杂的形体，就会在图上出现很多虚线。从而造成在图上虚线与实线互相交错，使图面混乱，不便于读图。为了解决这一难题就采用了剖面图。

如图 3-1-3（a）所示形体的投影图，其内孔被外形挡住，所以只能用虚线来表示。为了将主视图中的内孔用实线表示。现在假想用一个正平面，沿着形体的对称平面剖开，见图 3-1-3（b），然后移去观察者与剖切平面之间的部分，将剩余的部分形体向 V 面进行投影，所得到的图就叫剖面图，见图 3-1-3（c）。假想的用来剖切立体的平面就叫剖切平面。

为了正确掌握剖面图的概念需要特别说明的是，剖切是假想的，只有在画剖面图时才假想立体被剖开，而画其他投影时，必须按完整的形体来画。

三、剖面图的画法

通过图 3-1-3（b）可看出，形体被剖开以后，都有一个截口，即截交线所围成的平面图形，成为断面。在剖面图中，要在断面内画出材料的图例，以区分断面和非断面。形体的材料图例按照"国标"规定的画，如果没有指明形体的材料，则用同方向、等间距的 45°细实线表示。

作剖面图时，一般都使剖切平面平行于基本投影面，从而使断面的投影反应实形，同时应使剖切平面通过形体上的孔、洞、槽等形体的中心线，将形体内部表示清楚。

四、剖面图的标注

根据需要画出的剖面图要进行标注如图 3-1-4 所示，以便于读图。标注时应注意以下几点。

1. 剖切位置的表示

剖切平面一般都平行于基本投影面，则在它所垂直的投影面上投影会积聚成一条直线，这条直线表示剖切位置，称为剖切位置线，在投影图中用断开的粗实线表示，长度为 6～10mm。

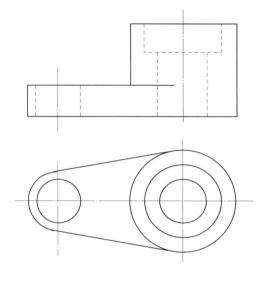

(a)形体的投影图

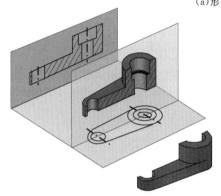

(b)用剖切平面将立体切开并向 *V* 面投影

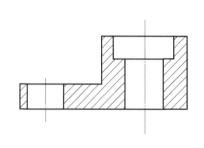

(c)剖面图

图 3-1-3　剖面图的形成

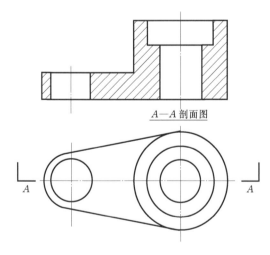

A—A 剖面图

图 3-1-4　剖面图的标注

2. 投影方向

为了表明剖切后剩下部分的投影方向，画剖面图时，在剖切位置线的外侧各画一段与其垂直的短粗实线表示投影方向，长度为 4～6mm，称为剖视方向线。

3. 剖切名称（编号）

对于复杂的建筑形体，可能要同时剖切两次以上，为了区分清楚，要对每次剖切进行编号，一般用阿拉伯数字或英文字母按从左到右、从上到下连续编号，并注写在剖视方向线的端部。如剖切位置线需转折时，在转折处一般不再加注编号，但是，如果剖切位置线在转折处与其他图线发生混淆时，则应在转角的外侧标注编号。与此相对应，在所得到的剖面图的下方或一侧，写上与该图相对应的剖切符号的编号，作为该图的图名，如"1—1"、"*A—A*"等，并在图名的下方画一条等长的粗实线。

4. 材料的图例

剖面图中包含了形体的断面，在断面上要画出表示材料类型的图例，如未指明材料时，应用45°方向的平行线（细实线）表示。

五、剖面图的分类

1. 全剖面图

用剖切平面将物体全部地剖开所得到的剖面图，叫做全剖面图如图3-1-4。全剖面图适用于对称或不对称的形体，其外部结构相对简单，内部结构比较复杂。全剖面图一般要标注剖切位置线。当剖切平面与形体的对称面重合，且全剖面图又置于基本投影的位置时，可省去标注，则图3-1-4可省去标注，即图3-1-5所示。

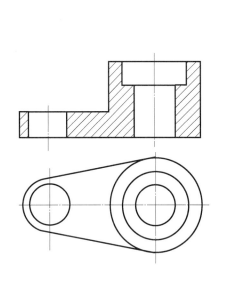

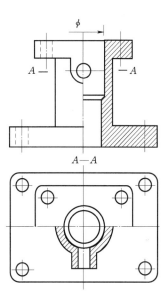

图3-1-5 剖面图的表示方法   图3-1-6 半剖面图

2. 半剖面图

有些形体内部较复杂，要画出视图，要有很多虚线，若画成全剖面图，则外部形状表达不清楚，但该物体在垂直某一投影面方向上具有对称平面，这时可以对称中心线分界，一半画成剖面图，另一半画成视图，这种组合的视图称为半剖面图见图3-6。

在半剖面图中，剖面图与投影图之间，规定用形体的对称线为分界线，剖切平面相交产生的交线不画，当对称中心线为竖直线时，剖面图画在中心线的右侧；当对称中心线为水平线时，剖面图画在中心线的下方。如果剖切平面与形体的对称面重合，且半剖面图又处在基本投影图的位置时，可省略标注。但是当剖切平面与形体的对称面不重合时，应按规定标注如图3-1-6中的$A-A$。

3. 阶梯剖面图

如果形体的结构比较复杂，用一个剖切面不能将需要表达的构造完全剖开时，可以假想用几个平行的剖切平面（平行某一基本投影面）通过不在同一平面上的空轴线将物体剖开，所得到的剖面图，称为阶梯剖面图如图3-1-7所示。

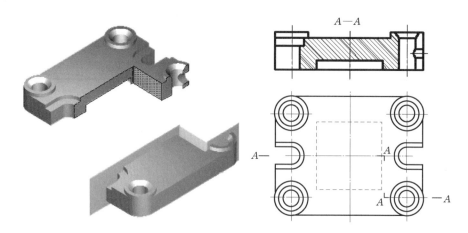

图 3-1-7 阶梯剖面图

4. 旋转剖面图

当形体整体上具有回转轴，用相交的剖切平面将物体剖开，使一个剖切面平行一个基本投影面，另一个剖切面旋转到与它重合画出的剖面图，称为旋转剖面图，如图 3-1-8 所示。

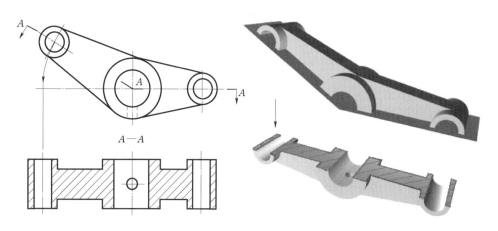

图 3-1-8 旋转剖面图

5. 局部剖面图

当形体外形比较复杂，完全剖开后无法表示外形，又不符合半剖面图的画法时，可以用一个剖切

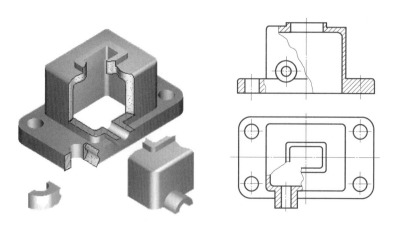

图 3-1-9 局部剖面图

平面局部地将物体剖开，所得到的剖面图称为局部剖面图如图3-1-9所示。局部剖面图只是形体整个投影中的一部分，因此不用标注剖切位置，但要在局部剖面与外形之间用波浪线分开，且波浪线不能与轮廓线重合，也不能超出轮廓线。

任务二　断面图的画法技能与技巧

一、案例任务分析

园林工程施工图是指导园林工程现场施工的技术性图纸，类型比较多，但是绘制要求基本一致。施工图平面尺寸以毫米为单位，高程以米为单位，数字要求精确到小数点后两位。具体的线形要求与相关图纸的绘制一致。常见园林工程建设施工图包括：施工总平面图、种植施工图、竖向施工图、园路广场施工图、假山施工图、水景工程施工图等。图3-2-1为护坡施工图，为了表达护坡不同位置的结构，分别在其高度发生变化的位置，选择不同的剖切平面进行剖切，分别绘制出其断面图。

为了给园林设计、园林建设、园林施工、园林监理四方提供技术交底，及其指导园林工程预算、工程施工、工程质量控制、工程施工结算提供技术依据。设计者详细绘制了青石板甬道做法详图如图3-2-2所示，准确表达青石板甬道主要从下到上分别由40mm厚的混凝土垫层、20mm厚1∶2.5水泥砂浆层，及其表面青石板错缝铺装，如图3-2-3所示，不仅详细表达了青石板甬道施工环节及其各层的尺寸关系，同时明确青石板通道材料的组成和施工工艺流程。如图3-2-4所示为屋面水池做法详图，为施工单位准备施工材料，组织技术人员，合理安排施工流程，水池施工概预算提供技术资料。在该园林建设工程项目设计中，设计人员必须详细绘制花架、木质平台、植物种植设计等园林要素的施工详图，在园林施工详图绘制过程中，设计人员利用剖面图作图原理，分别作出以上园林构成要素的施工详图，指导施工单位按照设计图样施工。

在园林设计阶段要准确绘制园林设计施工详图，完成设计技术资料的准备，必须掌握断面图的画法技能与技巧。

二、园林断面图绘制的相关理论

（一）断面图的形成

假想用剖切平面将物体剖开，只画出物体与剖切平面接触部分的图形，并画上材料符号，这种图形称为断面图，简称为断面图见图3-2-5（b）。

断面图也是用来表示形体内部结构的，但是在表示方法上与剖面图有区别，具体如下。

（1）剖面图投影时是对剖切后剩下的形体进行投影，所以是体的投影［见图3-2-5（a）］，而断面图是剖切平面与立体相交部分的投影，是面的投影。剖面图中必包含断面图，而断面图中却不能包含面图。

（2）断面图不标注剖视方向线，只将编号写在剖切位置线的一侧，标号所在的一侧即为断面图的投影方向。

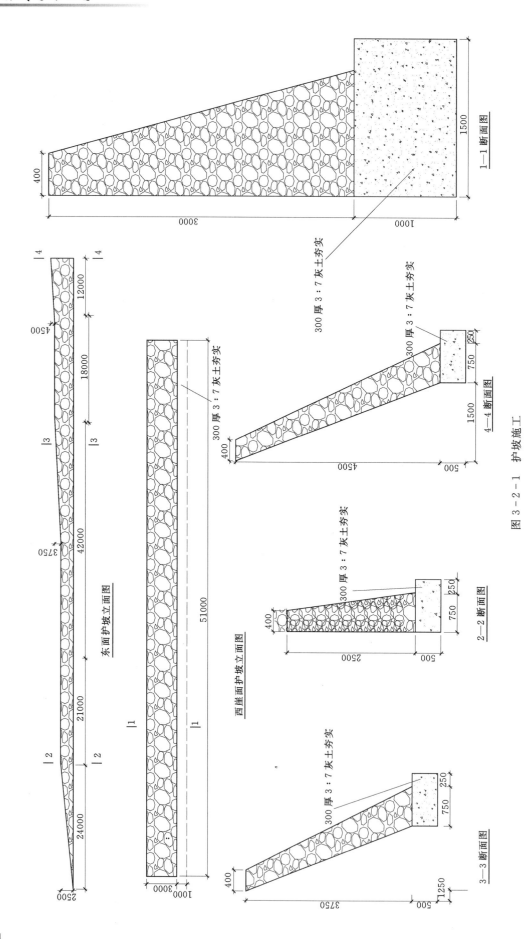

图 3 - 2 - 1 护坡施工

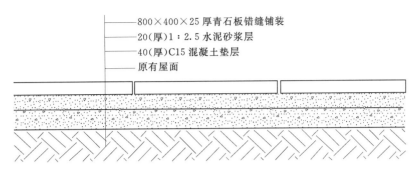

图 3-2-2 青石板甬道做法详图

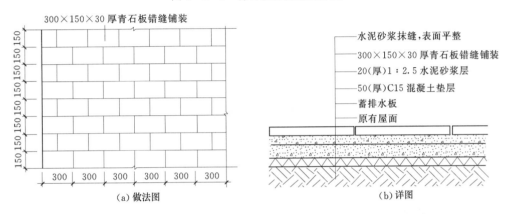

图 3-2-3 青石板错缝铺装做法图和详图

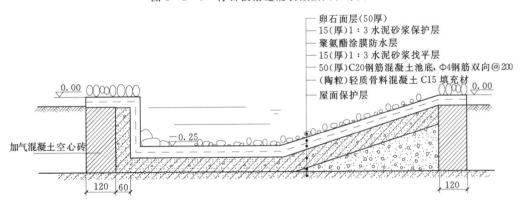

图 3-2-4 屋面水池做法详图

（3）剖面图中的剖切平面可以转折一次，断面图中的剖切平面不能转折。

（二）断面图的分类

1. 移出断面

把断面图画在投影图外面的断面称为移出断面，如图 3-2-5（a）中的 1—1、2—2 断面图。一个形体有多个断面时，可以整齐地排列在投影图的周围。并可以采用较大的比例画出。

移出断面适用于截面变化较多的构件，主要是钢结构，吊车梁及轴类结构件，见图 3-2-6。

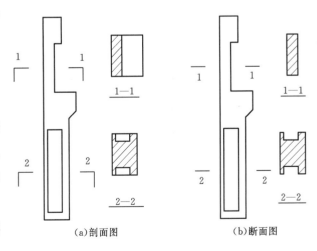

图 3-2-5 工字柱的剖面图与断面图

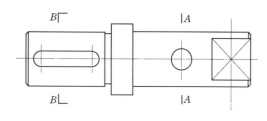

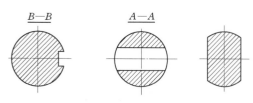

图 3-2-6 轴类件移出断面图

移出断面的画法和配置有 6 种。

（1）轮廓线用粗实线。

（2）尽量配置在剖切位置线的延长线上。

（3）剖切面与被剖切部分的主要轮廓线垂直。

（4）当断面对称时，可画在视图的中断处。

（5）由两个或两个以上相交平面剖切的移出断面，断面可画在一起，中间要断开（见图 3-2-7）。

（6）当剖切面通过由回转面形成的孔或凹坑的轴线时，按剖视绘制。

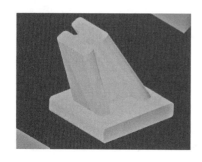
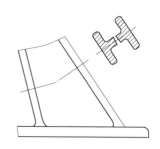

图 3-2-7 断面图的表示法

2. 重合断面

剖面图直接画在投影图轮廓线内，称为重合断面，见图 3-2-8。

画重合断面时应注意以下几点。

（1）重合断面的轮廓线用细实线。

（2）当视图中的轮廓线与重合断面的图形重叠时，视图中的轮廓线要完整画出，不能中断。

（3）重合断面只适用于断面形状简单的形体。

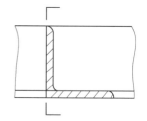

图 3-2-8 重合断面图

3. 中断断面

将构件的断面图画在构件投影图的中断处，如图 3-2-9 所示，这种断面图称为中断断面图，简称中断断面。这种断面常用来表达较长而截面单一的杆件及型钢，而且不加标注。

（三）剖面图与断面图的区别

（1）断面图只画出形体被剖开后断面的投影，而剖面图要画出形体被剖开后整个余下部分的投影。

图 3-2-9　中断断面图

（2）剖面图是被剖开形体的投影，是体的投影，而断面图只是一个截口的投影，是面的投影。被剖开的形体必有一个截口，所以剖面图必然包含断面图在内，而断面图虽属于剖面图的一部分，但一般单独画出。

（3）剖切符号的标注不同。断面图的剖切符号只画出剖切位置线，不画出投射方向线，且只用编号的注写位置来表示投射方向。编号写在剖切位置线下侧，表示向下投射。注写在左侧，表示向左投射。

（4）剖面图中的剖切平面可转折，断面图中的剖切平面则不可转折。

项目四

园林效果图的绘制方法

主要内容：本项目主要通过某居住区、别墅庭院轴测图的绘制；拱门、休闲广场透视图的绘制，逐步引导学生掌握轴测图、透视图的作图方法和读图规律。

教学目标：通过本项目的学习，为园林初步设计阶段，效果图的绘制提供理论基础。

重要性：园林效果图是园林景观效果展现，建设者项目决策和总体评价的主要依据。

学习方法：在掌握轴测图、透视图绘制的基本原理的基础上，多做练习以帮助理解。

园林设计一般包括初步设计、技术设计和施工图设计三个阶段，本项目将学习的园林效果图主要应用于初步设计阶段。在项目二是按照正投影法绘制的多面投影图，它不仅作图方便，更能够完整而准确地表达出形体各个方向的形状和大小。但如图4-1-1（a）所示的三面正投影图中，每个投影图

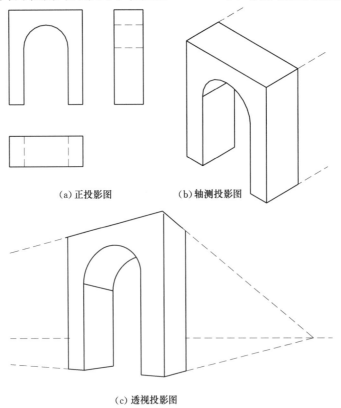

（a）正投影图　　（b）轴测投影图

（c）透视投影图

图4-1-1　门洞效果图

只能反映形体长、宽、高三个坐标中的两个，立体感不强，故当形体比较复杂或缺乏投影知识的人则不易看懂。因此，为了清晰的表达园林设计方案内容并直观的展现其建成效果，在初步设计中上常采用轴测投影图如图4－1－1（b）所示或透视图如图4－1－1（c）所示，来表达建筑形体及园林空间，以增强图纸的可读性。此外，在园林施工中对于复杂构筑物的施工，为了帮助是施工人员快速读图，有时也会使用轴测图作为辅助性图纸。

任务一　某居住区建筑轴测图的绘制

一、已知资料及要求

已知某居住区的建筑总平面图，见图4－1－2，试绘制其轴测投影图。

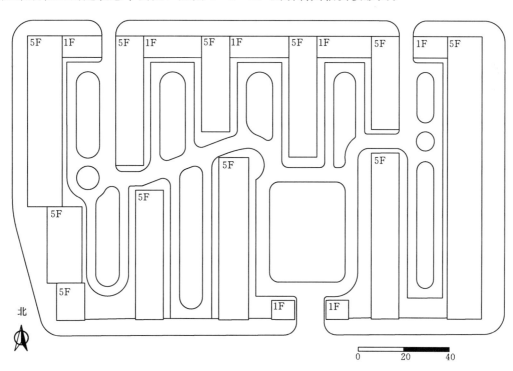

图4－1－2　某住居区建筑总平面图

二、具体绘制步骤

1. 分析选择轴测图类型

在园林制图中常采用水平斜轴测图来表达总平面布置，因此可选用水平斜轴测图来绘制此居住区的轴测效果图。

2. 确定轴测投影轴角度

根据水平斜轴测图的特点，首先旋转轴测投影轴，使 X 轴与水平线夹角30°，Y 轴与水平线夹角60°，见图4－1－3。

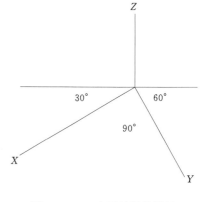

图4－1－3　水平轴测投影轴

3. 旋转图纸

根据水平轴测投影轴角度，逆时针旋转图纸 30°，使图纸 XY 轴与水平轴测图一致，见图 4-1-4。

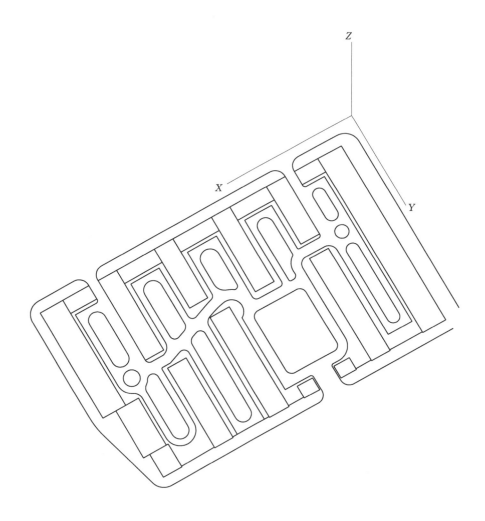

图 4-1-4　旋转图纸

4. 绘制建筑高度

由图 4-1-2 可知，居住区住宅均为 5 层，商业建筑及门房均为 1 层，此处建筑层高均为 3.5m，依据建筑层高升起其 Z 轴高度，见图 4-1-5。

5. 绘制建筑上顶面

根据不同建筑高度绘制其上顶面，上顶面形式与底面一致，绘制时可将底面图形直接上移建筑相应高度即可，见图 4-1-6。

6. 擦除被建筑遮挡部分

擦除被建筑遮挡部分，完成轴测效果图绘制，见图 4-1-7。若方案中配置有植物、小品，也可将其立面图绘制于轴测效果图中的相应位置，丰富图纸内容。

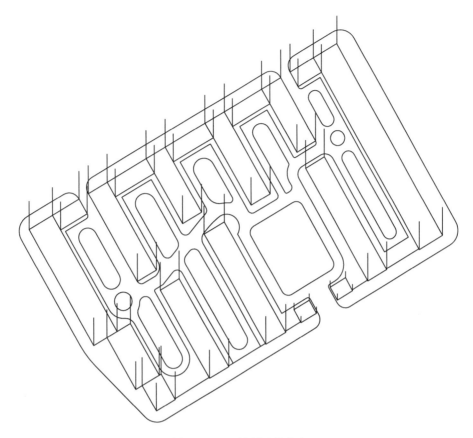

图 4-1-5 绘制建筑高度

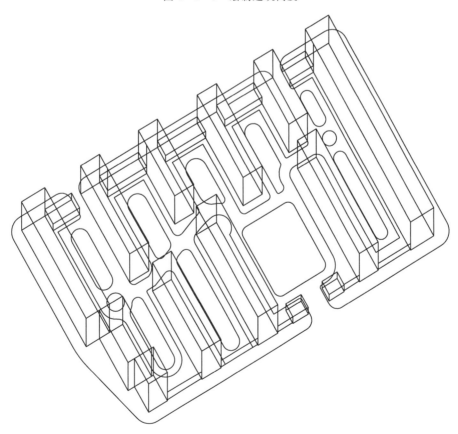

图 4-1-6 绘制建筑上顶面

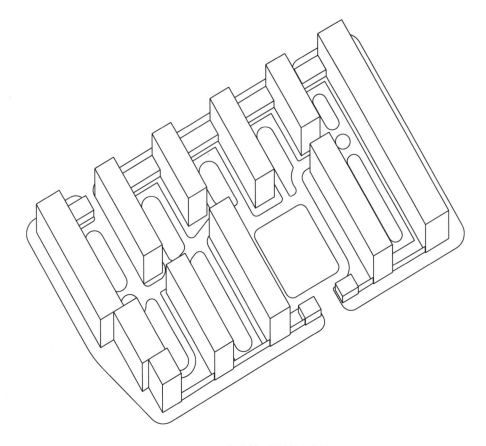

图 4 - 1 - 7 完成轴测效果图绘制

任务二 别墅庭院轴测效果图的绘制

一、任务内容

已知别墅庭院平面图和立面图，见图 4 - 2 - 1，绘制别墅庭院轴测效果图。

二、别墅庭院轴测效果图绘图步骤

1. 分析选择轴测图类型

由于该设计场地面积较小且构图较规整，因此可以采用水平斜轴测图的方法绘制。

2. 绘制平面图的水平斜二测轴测图

根据轴测投影轴，绘制平面图的水平斜二测轴测图，见图 4 - 2 - 2。

3. 绘制主要景物轴测图

在平面图的正等测轴测图基础上，根据各景物的高度绘制主要建筑的轴测图，见图 4 - 2 - 3。

4. 完成轴测图

绘制配景和植物等，见图 4 - 2 - 4。

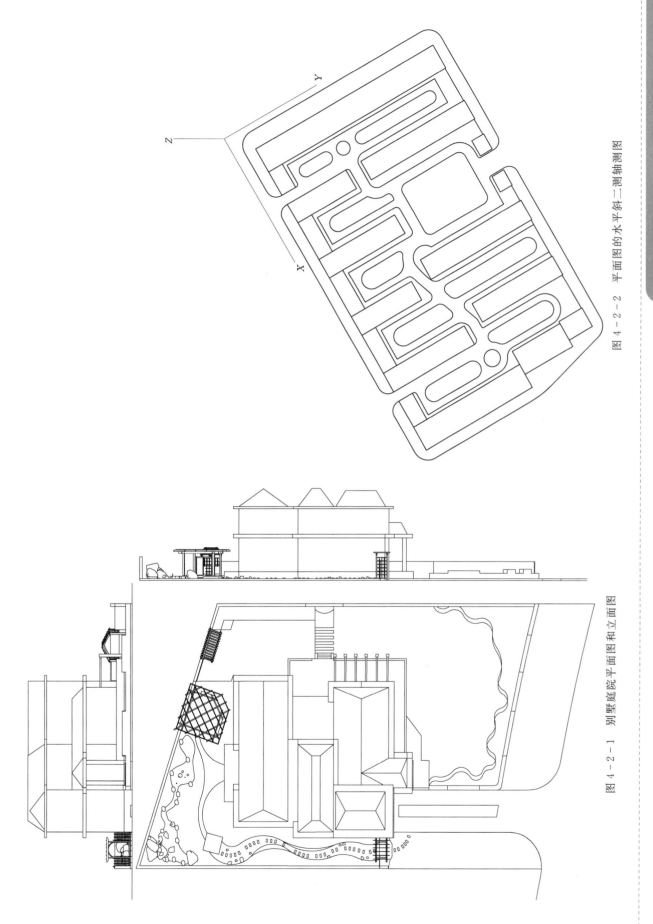

图 4 - 2 - 2　平面图的水平斜二测轴测图

图 4 - 2 - 1　别墅庭院平面图和立面图

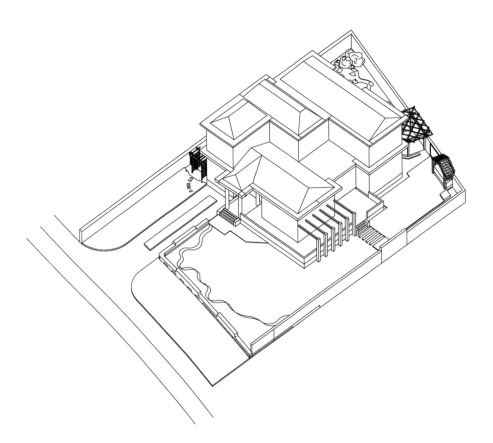

图 4 - 2 - 3　主要建筑轴测图

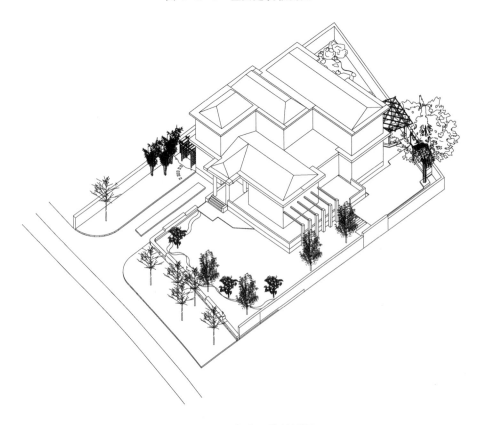

图 4 - 2 - 4　完成正等轴测图

三、相关的理论知识

（一）轴测投影的基本知识

1. 轴测图的形成

轴测图是一种单面投影图。用平行投影法将物体连同确定其空间位置的直角坐标系向单一的投影面（即轴测投影面）进行投影，并使其投影反映三个坐标面的形状，这样得出的投影图称为轴测图，见图 4-2-5（b）、（c）。它能同时反映形体的长、宽、高三个方向及物体的正面、水平面和侧面形状。由于接近于人们的视觉习惯，具有较强的立体感，无画法几何知识基础的人也都能看懂。

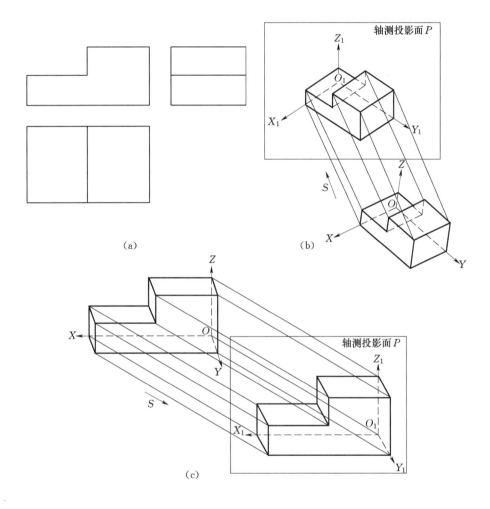

图 4-2-5　轴测投影图的形成

2. 轴测图的概念

（1）轴测投影面：轴测投影图所在的平面，用字母 P 表示。

（2）投射线：方向与投影面 P 垂直，用 S 表示。

（3）轴测投影轴：确定空间物体的坐标轴 OX、OY、OZ 在 P 面上的投影 O_1X_1、O_1Y_1、O_1Z_1，简称轴测轴。画物体的轴测图时，先要确定轴测轴，然后再根据该轴测轴作为基准来画轴测图。轴测图中 OZ 轴表示立体的高度方向，应始终处于铅垂的位置，以便符合人们观察物体的习惯。

（4）轴间角：每两个轴测轴之间的夹角，$\angle Y_1 O_1 X_1$、$\angle Z_1 O_1 Y_1$、$\angle X_1 O_1 Z_1$ 称为轴间角。

（5）轴向伸缩系数：轴测轴上的线段与空间坐标轴上对应线段实际长度的比值，也称为轴向变形系数（由于形体上三个坐标轴对轴测投影面的倾斜角度不同，所以在轴测图上各条轴线长度的变化程度也不一样），X、Y、Z 轴的伸缩系数分别用字母 p、q、r 表示，即 $p = O_1 X_1 / OX$、$q = O_1 Y_1 / OY$、$r = O_1 Z_1 / OZ$。

在轴测投影中，由于确定空间物体的坐标轴以及投射方向与轴测投影面的相对位置不尽相同，轴测图可以有无限多种，得到的轴间角和轴向伸缩系数各不相同。因此，轴间角和轴向伸缩系数是轴测图绘制中的两个重要参数。

3. 轴测图的特性

用平行投影法画出的轴测图同样保持平行投影法的基本性质。

（1）平行性。物体上相互平行的线段在轴测图上仍保持平行。

（2）定比性。物体上相互平行的两线段或一直线上两线段长度比值在轴测图上仍保持不变。

（3）实形性。平行于轴测投影面的直线和平面在轴测图上反映实长和实形。

（4）可量性。轴测图的线段长度可以直接度量。

4. 常见轴测投影图的画法

（1）根据国家标准《技术制图——投影法》（GB/T 14692—2008）中的规定，轴测投影按投射方向是否与投影面垂直分为两大类。

1）如果投射方向 S 与投影面 P 垂直，则所得到的轴测图为正轴测图，此时其 3 个坐标轴都倾斜于轴测投影面。

2）如果投射方向 S 与投影面 P 倾斜，则所得到的轴测图为斜轴测图，此时其 2 个坐标轴平行于轴测投影面。

（2）轴测图按轴向伸缩系数的不同，又分为以下三种。

1）等测轴测图：三个轴向伸缩系数都相等的 $p = q = r$。

2）二测轴测图：其中有两个相等的 $p = q \neq r$ 或 $p = r \neq q$ 或 $q = r \neq p$。

3）三测轴测图：三个都不等的 $p \neq q \neq r$。

园林设计中正等测图和斜二测图使用较多，本任务将重点介绍这两种轴测图的作图方法。

（二）正等轴测投影

1. 正等轴测投影的形成

正等测图三个轴的轴向伸缩系数相等，即 $p = q = r$。因此，想要得到正等测轴测图，需将物体放置成使它的三个坐标轴与轴测投影面具有相同的夹角的位置，再用正投影方法向轴测投影面投射，如图 4-2-6 所示，这样得到的物体的投影，就是其正等测轴测图，简称正等测图。在轴测图中用粗实线画出物体的可见轮廓，必要时可用虚线画出物体的不可见轮廓。

2. 轴间角与伸缩系数

正等测图的三个轴间角相等且∠XOZ、∠ZOY、∠YOX＝120°。在画图时，要将OZ轴画成竖直位置，OX轴和OY轴与水平线的夹角都是30°，因此可直接用丁字尺和三角板作图，如图4-2-7左所示。

正等测图的三个轴的轴向伸缩系数都相等，即p＝q＝r，所以在图4-2-7中的三个轴与轴测投影面

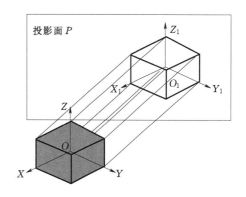

图4-2-6 正等轴测投影图的形成

的倾角也应相等。根据这些条件用解析法可以证明他们的轴向伸缩系数$p_1＝q_1＝r_1≈0.82$，如图4-2-7所示。此处，为了简化作图，常将三个轴的轴向伸缩系数取为1，由此画出的轴测投影图与实际形状无异，只是图形在各个轴向方向上放大了$1/0.82≈1.22$倍。

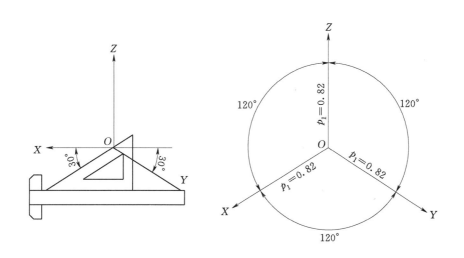

图4-2-7 轴测投影图

3. 正等轴测投影的画法

轴测图的作图步骤一般如下。

定投影轴位置（确定坐标原点）→画轴测轴（注意轴间角和轴向伸缩系数）→取点并作平行线（根据形体的正投影图，在OX轴上截取长度，在OY轴上截取宽度，在OZ轴上截取高度，原来平行于投影轴的直线同样平行于轴测轴）→连接交点，得轴测图（擦掉不可见线，并加深图形线）。如图4-2-8～图4-2-10所示，以数个典型物体为例说明正等轴测图的绘制步骤。

（1）正六棱柱。

（2）三棱锥。

（3）四坡顶建筑。

（4）圆柱切割体。

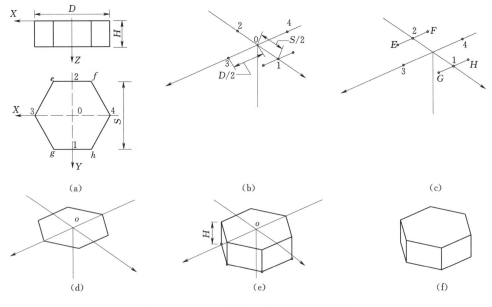

图 4-2-8　正六棱柱正等轴测投影图画法

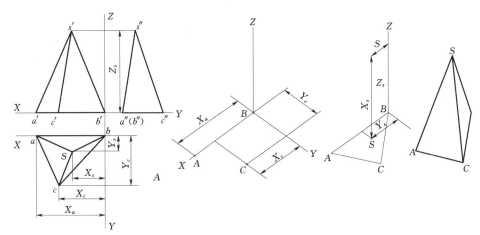

图 4-2-9　三棱锥正等轴测投影图画法

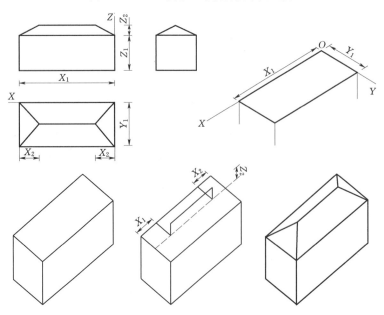

图 4-2-10　四坡顶建筑正等轴测投影图画法

在平行投影中，当圆所在的平面平行于投影面时，它的投影依然是圆。而如图 4-2-11 所示的各圆，当圆所在平面倾斜投影面时，它们的正等测轴测投影为椭圆。绘制圆的正等测投影时，一般应先画圆的外切正方形的轴测投影——菱形，再用四心法近似画出椭圆，见图 4-2-12。

圆柱切割体由圆柱体切割而成。首先，画出切割前圆柱的轴测投影。然后，根据切口宽度 b 和深度 h，画出槽口轴测投影。最后擦掉辅助线，加深图形线，见图 4-2-13。

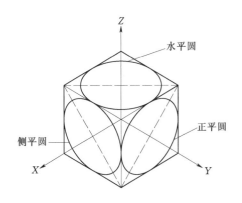

图 4-2-11 各坐标面上圆的正等测图

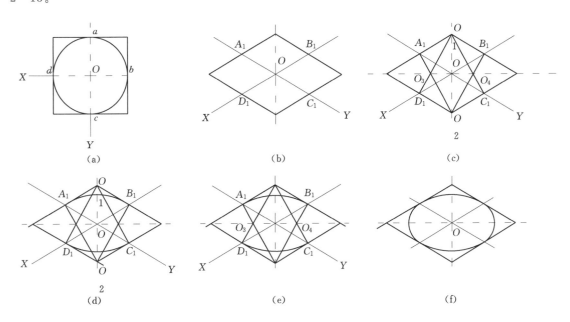

图 4-2-12 圆的正等测图的近似画法

（三）斜二测投影

1. 斜二测投影的形成及参数

在斜轴测投影中，以 V 面（即 XOZ 坐标面）的平行面作为轴测投影面，而投射方向不平行于任何坐标面。此时不论投射方向如何倾斜，物体 V 面的斜轴测投影反映实形，即 $p=r=1$。而轴测轴 OY 的方向和轴向伸缩系数 q，可随着投影方向的改变而变化，当 $q=0.5$、$XOY=45°$ 或 $135°$ 时，就得到了正面斜二等轴测投影，简称正面斜二测，见图 4-2-14。

当 H 面（即 XOY 坐标面）的平行面作为轴测投影面时，轴间角 $\angle XOY=90°$，轴向伸缩系数 $p=q=1$ 时，就得到了水平斜二等轴测投影，简称水平斜二测，此时，物体 H 面的斜轴测投影反映实形。OZ 轴与 OX 轴之间轴间角以及轴向伸缩系数 r 可以单独任意选择，但习惯上轴间角取 $120°$，$r=1$，见图 4-2-15。

2. 斜二测投影的画法

斜二测图的作图方法与正等测图相同，只是轴测轴方向与轴向伸缩系数不同。当斜二测图的

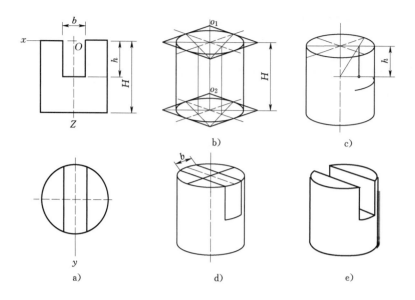

图 4-2-13　圆柱切割体的正等测图

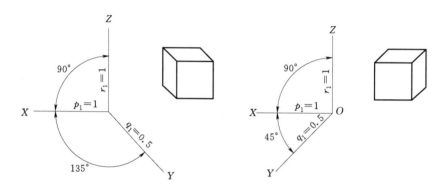

图 4-2-14　正面斜二测的轴间角和轴向伸缩系数

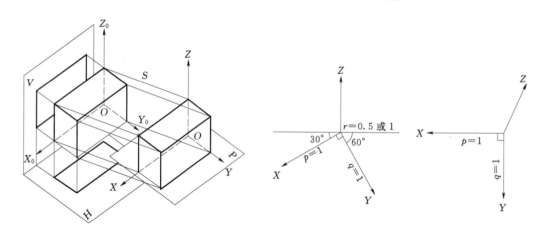

图 4-2-15　水平斜二测的轴间角和轴向伸缩系数

XOZ 坐标面平行于轴测投影面时，斜二测图中凡平行 V 面的面均为实形。当斜二测图的 XOY 坐标面平行于轴测投影面时，斜二测图中凡平行 H 面的面均为实形。

　　下面以数个不同形状物体举例说明正等轴测图的绘制步骤。

　　（1）圆的正面斜二测图。

平行于坐标面 XOZ 的圆（正面圆）的正面斜二测反映实形，仍是大小相同的圆。但水平圆和侧平圆的投影为椭圆时，其画法与正等测图中的椭圆一样，通常采用近似方法画出。以水平圆为例，其画法如图 4-2-16 所示。圆的水平斜二测图与此类似，水平圆的水平斜二测反映实形。

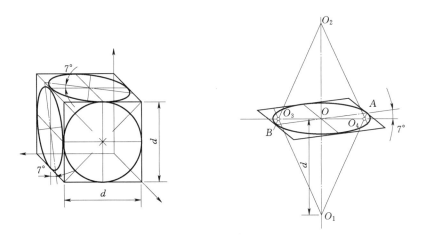

图 4-2-16　圆的正面斜二测图画法

（2）小桥的正面斜二测图。

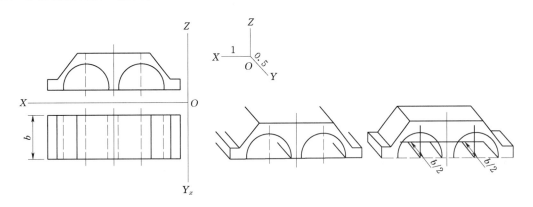

图 4-2-17　小桥的正面斜二测图

（3）建筑形体的水平斜二测。

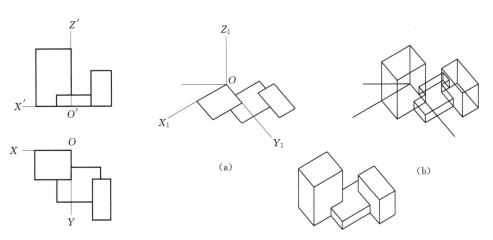

图 4-2-18　建筑形体的水平斜二测

(四）轴测图的选择

轴测图能比较直观地表达出物体的立体形状，但选用不同的轴测图和不同的观看方向，效果是不一样的。选择轴测图时，一般从四个方面来考虑。

（1）图形要完整、清晰，充分显示出该形体的各个主要部分，不要有所遮挡。

（2）图形要富有立体感，避免图线贯通（转角处交线投影成一直线），避免图形重叠，避免平面体投影成左右对称的图形。

（3）当形体只在一个主要面上具有曲线或复制图线时，宜采用斜轴测图，因为斜轴测图中有一个面的投影不发生变形。

（4）在做园林设计全园效果图时，可优先考虑采用水平斜轴测图，在作建筑效果图时可考虑采用正面斜二测图。

任务三　拱门、休闲广场透视图的绘制

一、任务分析

透视图是园林设计中最常用到的效果图表现形式。通过透视图设计人员可以将所设计场地建成后的实际效果通过直观的、与人眼日常视觉感受一致的画面表现出来。与轴测图相比透视图的空间效果更加真实。以下以两个案例初步了解透视效果图的绘制程序和方法。

二、绘制一点透视效果图

已知景观拱门平面图及立面图，见图4-3-1，绘制景门的一点透视效果图。

（1）绘制透视图首先需要确定人眼位置、透视投影面及景物三者之前的关系，即确定视高、视距及视点位置，见图4-3-2。

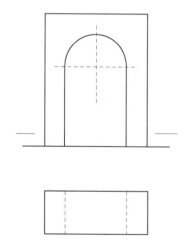　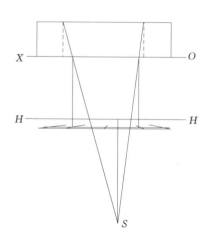

图4-3-1　拱门平面图、立面图　　　　图4-3-2　拱门平面图一点透视

（2）透视图作图程序一般先绘制景物平面图的透视投影，此处即绘制拱门平面图的一点透视，见图4-3-3。

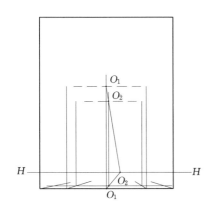

图 4-3-3　拱门外轮廓一点透视

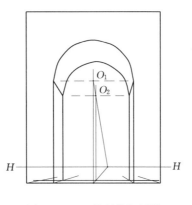

图 4-3-4　绘制拱门圆拱

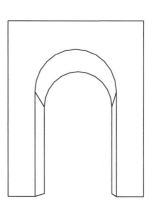

图 4-3-5　拱门一点透视效果图

（3）在平面图的透视投影上拉起景物的高度，即根据拱门高度绘制拱门外轮廓，并确定前后两个半圆的圆心，见图 4-3-4。

（4）绘制前后两圆拱，并擦除多余图线，见图 4-3-5。

三、绘制两点透视效果图

已知某休闲广场平面图，见图 4-3-6，绘制广场两点透视效果图。

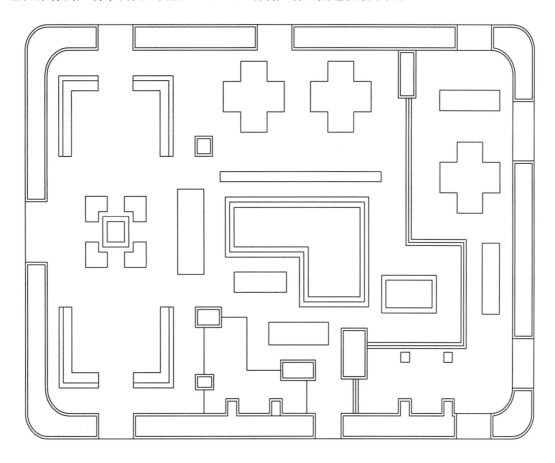

图 4-3-6　广场平面图

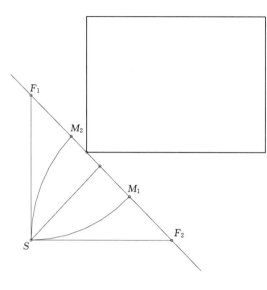

图4-3-7 确定视距、视角灭点及量点

（1）确定视点、画面、景物三者之前的关系，即定视距、视角、灭点及量点，见图4-3-7。

（2）确定视高，绘制广场平面轮廓的透视投影，见图4-3-8。

（3）利用量点法绘制等分场地的网格，见图4-3-9。

（4）根据网格位置，绘制广场平面图的透视投影，见图4-3-10。

（5）绘制广场中各主要要素的高度，见图4-3-11。

（6）绘制植物等其他要素，并完成广场两点透视效果图绘制，见图4-3-12。

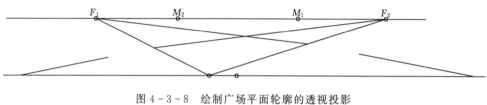

图4-3-8 绘制广场平面轮廓的透视投影

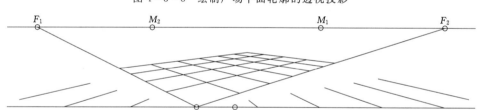

图4-3-9 绘制广场平面网格

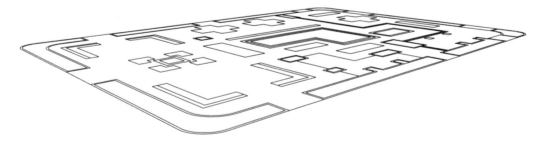

图4-3-10 绘制广场平面图透视投影

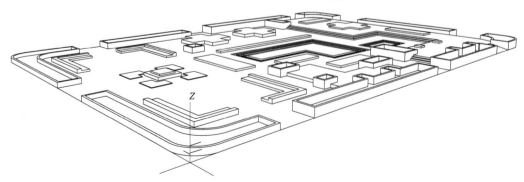

图4-3-11 绘制广场中各主要要素的高度

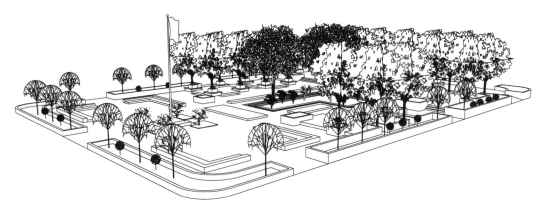

图 4-3-12　绘制植物等其他要素

四、相关的理论知识

（一）透视投影的基本知识

1. 透视投影的特点

透视投影与轴测投影一样，都是一种单面投影，不同的是轴测投影用的是平行投影，而透视用的是中心投影法。在透视图中景物近大远小、近高远低、近长远短，互相平行的直线的透视汇交于一点。其形象直观，既符合人们的视觉印象，又能将设计师构思的方案比较真实地展现，故一直是园林设计人员用来表达设计理念，推敲设计构思的重要手段。

2. 透视图的形成

透视图即透视投影，以人的眼睛为投影中心的中心投影，在物体与观者之位置间假想有一透明平面，人们透过这个平面来观察物体时，由观看者的视线与该面相交而成的图形。见图 4-3-13 和图 4-3-14。

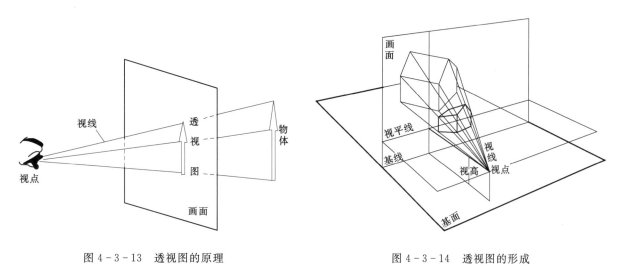

图 4-3-13　透视图的原理　　　　　　　　图 4-3-14　透视图的形成

3. 基本术语

为掌握透视作图方法，首先要明确有关基本术语的确切含义，这有助于理解透视的形成过程，掌握作图方法。下面以点的透视为例，见图 4-3-15。

（1）基面：常用字母 H 表示，即放置景物的水平面，相当于正投影图中的水平投影面。

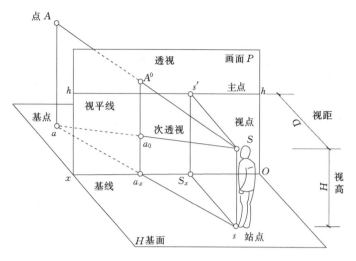

图 4-3-15　基本术语

（2）画面：常用字母 P 表示，即透视图所在的平面，园林制图中多选用垂直于基面的铅垂面作为画面。

（3）基线：常以字母 OX 表示，即基面与画面的交线，相当于正投影图中的 X 轴。

（4）视点：常用字母 S 表示，即中心投影法中的投影中心，相当于人眼所在的位置。

（5）站点：常用 s 表示，即视点 S 在基面 H 上的正投影，相当于人观看景物时的站立点。

（6）主点：常用 s' 表示，即视点 S 在画面 P 上的正投影。

（7）视线：经过视点的所有直线，可理解为由投影中心发出的所有光线。

（8）中心视线：视点 S 与主点 s' 的连线 Ss'，垂直于画面，又称主视线。

（9）视平面：过视点的水平面。

（10）视平线：常用 hh 表示，视平面与画面的交线。当画面 P 与基面 H 垂直时，主点 s' 在视平线上。

（11）视高：常用 H 表示，视点 S 到站点 s 的距离，即人眼的高度，当画面 P 与基面 H 垂直时，视平线 hh 与基线 OX 的距离反映视高。

（12）视距：常用 D 表示，视点 S 到画面 P 的距离，即 Ss' 或站点 s 到画面 P 的距离。

（13）基点：空间点 A 在基面 H 上的正投影 a。作图时，可把景物的水平投影看成基点的集合。

（14）透视：常用 $A°$ 表示，空间任意一点 A 与视点 S 的连线 SA 与画面 P 的交点就是空间点 A 在画面 P 上的透视 $A°$。

（15）次透视：常用 $a°$ 表示，基点 a 在画面 P 上的透视。

（16）透视高度：空间点 A 的透视 $A°$ 与次透视 $a°$ 之间的距离 $A°a°$ 为点 A 的透视高度，且 $A°$ 与 $a°$ 始终位于同一铅垂线上。

（17）迹点：与画面倾斜的空间直线与画面的交点称为直线的画面迹点，常用字母 N 表示。迹点的透视 $N°$ 为其本身。直线的透视通过直线的画面迹点 N。其次透视 n 在基线上，直线的次透视也通过迹点的次透视 n，见图 4-3-16。

（18）灭点：直线上距画面无限远的点的透视称为直线的灭点，常用字母 F 表示。见图 4-41 所示，直线 AB 的灭点，即其无限远点 f_∞ 的透视 F，自 S 向无限远点引视线 $SF_\infty // AB$，与画面相交于

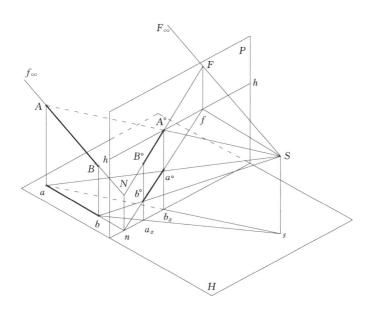

图 4 - 3 - 16　空间直线的透视投影

F 点，F 点即为 AB 的灭点。直线 AB 透视的延长线通过其灭点 F。

（19）全透视：迹点 N 与灭点 F 的连线称为直线的全透视，直线的透视必在该直线的全透视上。NF 为直线的全透视，$A°B°$ 必在 NF，见图 4 - 3 - 16。

4. 透视投影的绘图原理及基本规律

（1）透视图的原理。

这里以点的透视投影为例，分析如何将空间透视投影原理的意向图展开成为平面的、可供园林制图实际使用的绘图方法。在绘制透视图时，为了便于理解和方便作图，通常将基面与画面沿基线拆开，上下对齐安放。P 面在上方，H 面排在下方，此时基线就分别在 H 面和 P 面上各出现一次，在 H 面上用 ox 表示，在 P 面上用 $o'x'$ 表示。也可将 H 面放在上方，P 面放在下方，均不画边框。基线 ox、$o'x'$ 分别与视平线平行，$o'x'$ 与视平线 hh 距离等于视高，站点 s 与 ox 的距离等于视距，见图 4 - 3 - 17 （a）。

已知 A 点的平面投影 a 和立面投影 a'、视点 S 的位置、视距及视高 $h-h$，求 A 点的透视，见图 4 - 3 - 17 （a）。

分析：如图 4 - 3 - 17 （b）所示，点 A 在 H 面和 P 面的投影为 a 和 a'，视点 S 在 H 面和 P 面的投影为 s 和 s'，连接 $s'a'$，则 $s'a'$ 为视线 SA 的 P 面投影。由于透视 $A°$ 在 P 面上，其 P 面投影及为本身，故 $A°$ 必在 $s'a'$ 上。sa 为视线 SA 的 H 面投影，$A°$ 的 H 面投影即为 sa 与 OX 的交点 $a_x°$。

作图步骤：

1）在 H 面上连接 sa，并与 OX 轴相交得交点 $a_x°$，即作 SA 的水平面投影。

2）在 P 面上分别连接 $s'a'$ 和 $a_x s'$，即作 SA 和 sa 的正面投影。

3）由 $a_x°$ 向上引垂线，交 $a_x s'$ 于点 $a°$，得点 A 的次透视；交 $s'a'$ 于点 $A°$，得点 A 的透视。

（2）透视的相关规律。

1）画面平行线。与画面平行的直线称为画面平行线，如图 4 - 3 - 18 所示。

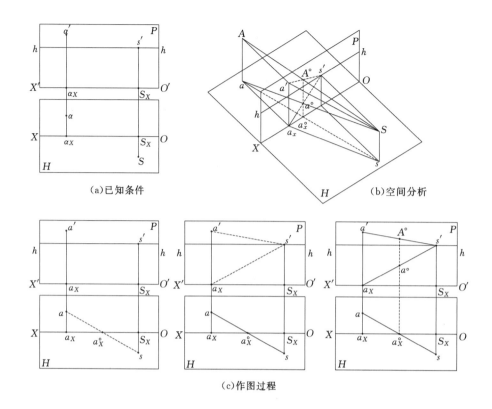

图 4-3-17　点的透视

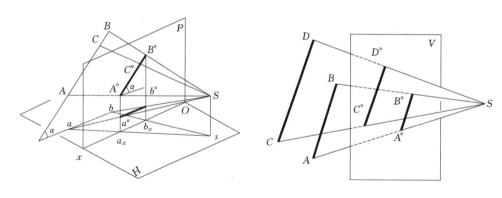

图 4-3-18　画面平行线的透视　　　图 4-3-19　两条相互平行的画面平行线

a. 画面平行线，在画面没有迹点，也不能求出该直线的灭点。图 4-3-18 中画面平行线 AB 与画面不相交，平行于 AB 的视线与画面平行，因而灭点在无穷远处。画面平行线上的点分线段之比，等于点的透视分透视线段之比，如图 4-3-18 所示，$A^{\circ}B^{\circ}:C^{\circ}B^{\circ}=AC:CB$。

b. 画面平行线的透视与本身平行，它与基线的夹角反映空间直线对基面的倾角 α，画面平行线的次透视平行于基线，成为水平线，如图 4-3-19 所示，AB 平行于画面，则 $A^{\circ}B^{\circ}/\!/AB$，$a^{\circ}b^{\circ}/\!/OX$。

一组互相平行的画面平行线，其透视和次透视分别平行，如图 4-3-19 所示，两条平行的画面平行线 AB 和 CD，其透视 $A^{\circ}B^{\circ}/\!/C^{\circ}D^{\circ}$，次透视 $a^{\circ}b^{\circ}/\!/c^{\circ}b^{\circ}/\!/OX$。

2）画面相交线。

a. 画面相交线上的点分线段之比，其透视不能保持原来的比，如图 4-3-20 所示，$A^{\circ}B^{\circ}:C^{\circ}B^{\circ}$ $\neq AC:CB$。

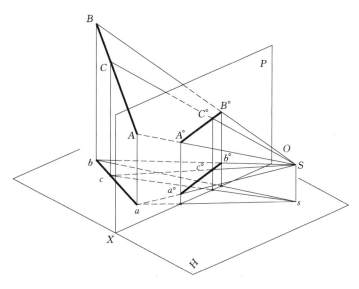

图 4 - 3 - 20　分段直线的透视

b. 一组互相平行的画面相交线，其透视有一个共同的灭点，次透视也有一个共同的次灭点。如图 4 - 3 - 21 所示，平行直线 AB 和 CD 的透视汇交于同一灭点 F。它们的次透视 ab 和 cd 必汇交于同一次灭点 f。

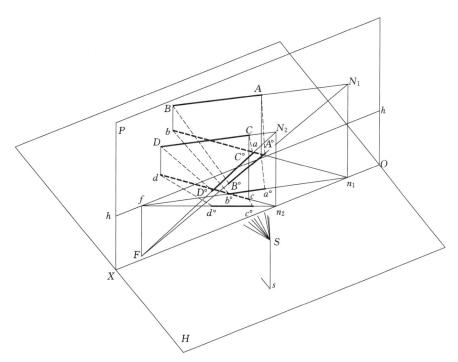

图 4 - 3 - 21　与画面相交平行线的透视

（二）透视投影图的画法

1. 视线法

（1）视线法的原理。

如图 4 - 3 - 22 所示，直线 AB 在基面 H 上，延长线与画面相交，交点即迹点 N 在基线 OX 上。过视点 S 作视线平行于 AB，得直线的灭点 F 在视平线上。连接 NF 即为直线 AB 的全透视，直线 AB 的透视必在 NF 上。从视点 S 向 A、B 两点引视线，两条视线 SA、SB 与画面相交于 NF 线上，两条视线在基面上的正投影 sA、sB 与基线相交于 ax、bx 两点。见图 4-3-22（a）。具体作图步骤见图 4-3-22（b）。

1）求迹点 N。延长 AB 与 ox 交于 n，过 n 作铅垂线与 o'x' 交得 N，即为直线的迹点。

2）求灭点 F。过站点 s 作直线 sf∥AB 与 ox 交于 f，由 f 作铅垂线与 hh 交于 F，即为直线的灭点。

3）作直线的透视方向线。连接 FN 为直线的全透视，直线段 AB 的透视必在 FN 上。

4）确定直线段 AB 的透视长 A°B°。根据点的透视特性，由站点 s 作直线与端点 A、B 相连，与基线 ox 交于 ax 和 bx，则 A°、B° 应在过 ax、bx 的铅垂线上。因此，连 sA、sB 与 ox 交与 ax 和 bx，过 ax、bx 作铅垂线与 FN 交得 A° 和 B°。这种利用迹点和灭点确定直线的全线透视，再借助于视线的水平投影确定直线线段透视的方法，称为视线法。

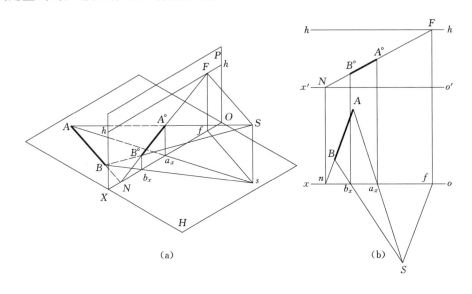

图 4-3-22　基面上直线的透视

（2）利用视线法作基面 H 上矩形的透视。

先作出矩形的两组对面的灭点 F₁ 和 F₂。见图 4-3-23（a）。

由于 A 点在画面迹点，透视为其本身，自 A 直接引到 o'x' 上得 A°。连接 A°F₁ 和 A°F₂ 分别是边 AB 和 AD 的全透视，见图 4-3-23（b）。

用视线法求得 B° 和 D°。连接 B°F₁ 和 D°F₂ 连，交得 C°，见图 4-3-23（c）。

2. 量点法

（1）量点法的原理。

如图 4-3-24 所示，直线 AB 在基面 H 上，其中 A 点在画面上，为直线 AB 的迹点。为求 AB 的透视，引辅助线 BB₁，使得 AB₁＝AB，即△ABB₁ 构成一个等腰三角形。作 AB 的灭点 F 和 BB₁ 的灭点 L，连 AB 全透视 A°F 和 BB₁ 全透视 B°₁L 交得点 B 的透视 B°。把这种与基线 OX 及已知直线 AB 交等角的辅助线的灭点 L，称为直线 AB 的量点。如图 4-3-24 可知：

∵△ABB₁ 是等腰三角形，∴A°B°₁＝AB₁＝AB；

∵△sf₁∽△ABB₁，∴FL＝f₁＝sf。

由此可得到量点的重要特性。

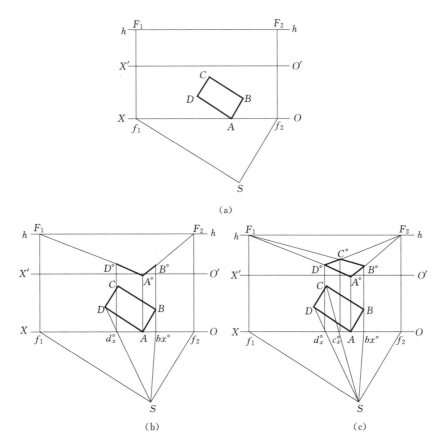

图 4 - 3 - 23　基面上矩形的透视

直线 AB 的量点 L 到灭点 F 的距离等于站点 s 到 f 的距离，也等于视点 S 到灭点 F 的距离。利用量点可作出 AB 的透视长 $A°B°$，而不需要 AB 的 H 面投影。

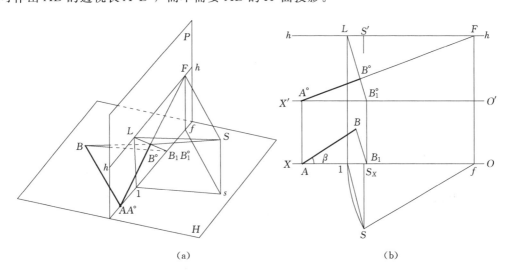

图 4 - 3 - 24　量点法绘制原理

利用量点作基面上直线 AB 的透视，具体作图步骤如下。

1）已知直线 AB 的实长，直线对画面的倾角 β。首先在视平线 hh 上定出主点 s'，在 $o'x'$ 上定出点 A 的透视 $A°$，见图 4 - 3 - 25（a）。

2）求灭点 F：作 $s'S_1 =$ 视距，$\angle S_1 Fs' = \angle\beta$，则 F 为直线的灭点，见图 4 - 3 - 25（b）。

3）求量点 L：以 F 为圆心，FS_1 为半径画圆弧，与 hh 交于 L，见图 $4-3-25$（c）。

4）自 $A°$ 在 $o'x'$ 上截取 $A°B°_1=AB$ 实长，连 $A°F$、$B°_1L$ 交得点 B 的透视 $B°$，见图 $4-3-25$（d）和（e）。

相对于视线法，用量点法来绘制透视图时，只需做出灭点和量点，不用在图纸上画出景物的 H 面投影及视线，这样不仅提高了图纸利用效率、缩短了制图时间，在绘制较为复杂的效果图时更减少了辅助线的数量，使图面更加清晰。

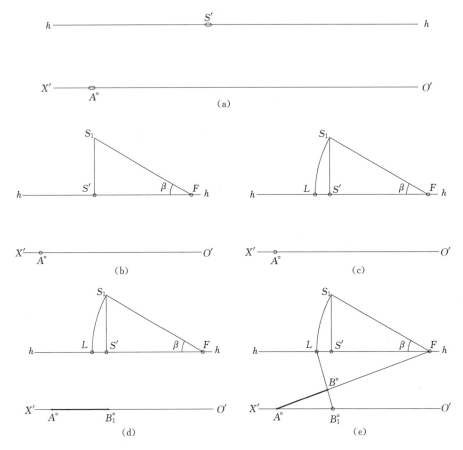

图 $4-3-25$　量点法绘制基面上直线的透视

（2）利用量点法作建筑平面图的透视图，见图 $4-3-26$。

（三）常用透视图的画法

当景物的两组轮廓线（长、高）平行于画面，第三组水平线垂直于画面，并聚集于一个灭点，此时的透视为一点透视，也称平行透视。一点透视表现纵深感强，适合表现庄重、严肃的空间，见图 $4-3-27$。

当景物有一组轮廓线与画面平行，其他两组线均与画面成一角度，而每组各有一个灭点，此时的透视为两点透视，也称成角透视。两点透视图面效果比较自由、活泼，能比较真实地反映空间，见图 $4-3-28$。

当景物的三组轮廓线均与画面成一角度，三组线消失于三个灭点，此时的透视为三点透视，也称斜角透视，见图 $4-3-29$。三点透视多用于建筑设计中的高层建筑效果表达，在园林中很少使用，故本项目未对此透视画法作详细介绍。

1. 一点透视图的画法

（1）台阶的一点透视图，见图 $4-3-30$。

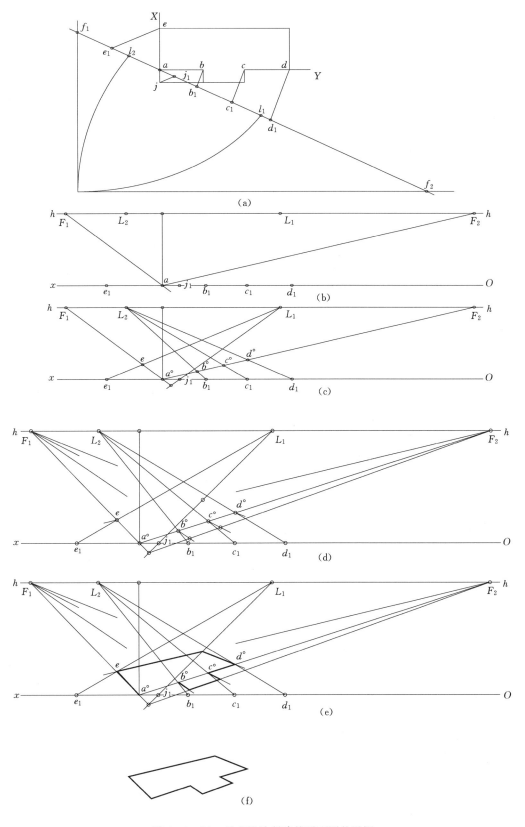

图 4 - 3 - 26 量点法绘制建筑平面图的透视

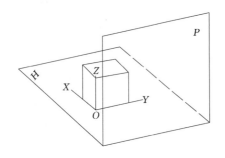 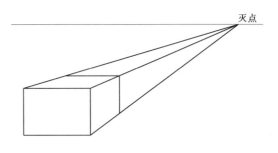

(a)直观图　　　　　　　　　　(b)透视图

图 4-3-27　一点透视示意

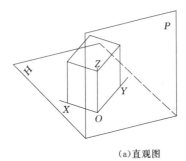 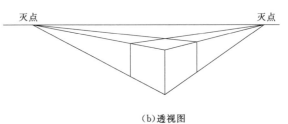

(a)直观图　　　　　　　　　　(b)透视图

图 4-3-28　两点透视示意

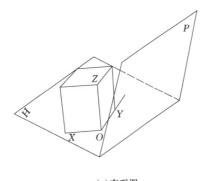 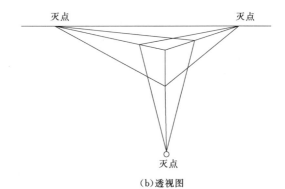

(a)直观图　　　　　　　　　　(b)透视图

图 4-3-29　三点透视示意

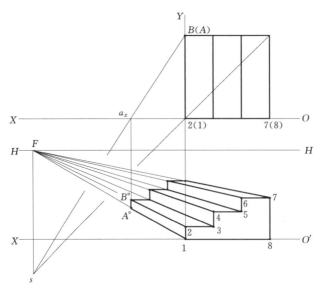

图 4-3-30　台阶的一点透视

（2）圆柱的一点透视图，见图 4 - 3 - 31。

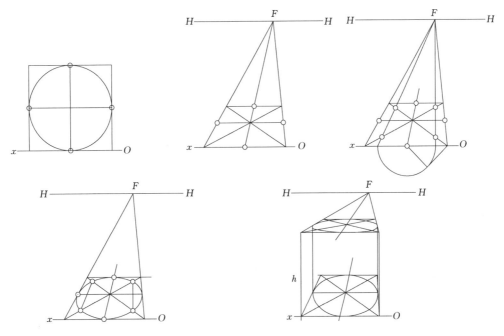

图 4 - 3 - 31　圆柱体一点透视示意

2. 两点透视图的画法

（1）双坡屋顶图见图 4 - 3 - 32。

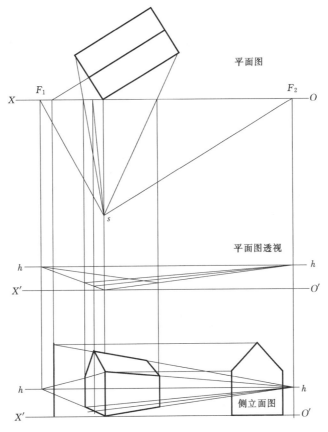

图 4 - 3 - 32　双坡屋顶两点透视

（2）组合体图见图 4-3-33。

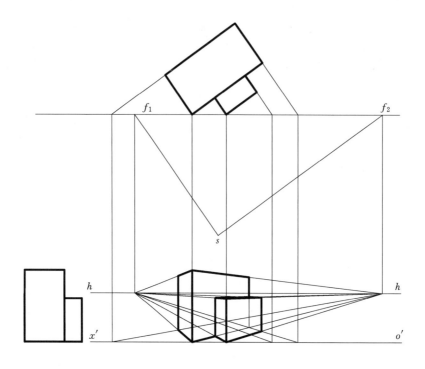

图 4-3-33　组合体两点透视

（四）透视参数的确定

要使画出的透视图符合人们处于最适宜位置观察景物时所获得的最清晰的视觉印象，需要合理选择透视参数，如图 4-3-34 所示，当同一立方体在不同位置时，其透视效果各不相同。

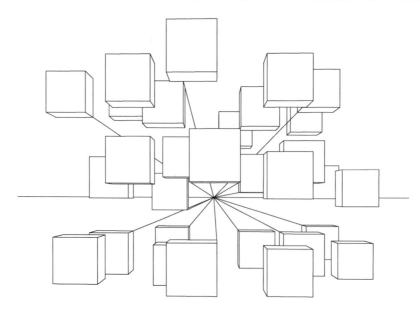

图 4-3-34　立方体透视

1. 视角

在画透视图时，人的视野可假设为以视点 S 为顶点圆锥体，见图 4 - 3 - 35，它和画面垂直相交，其交线是以 S' 为圆心的圆，圆锥顶角的水平和垂直角为 $60°$，这是正常视野作的图，不会失真。视角在 $60°$ 范围以内立方体的透视形象真实，在此范围以外的立方体透视失真变形，见图 4 - 3 - 36。一般视角保持在 $30°\sim40°$ 为宜。

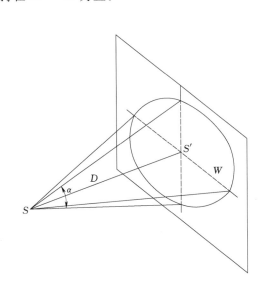

图 4 - 3 - 35　视锥

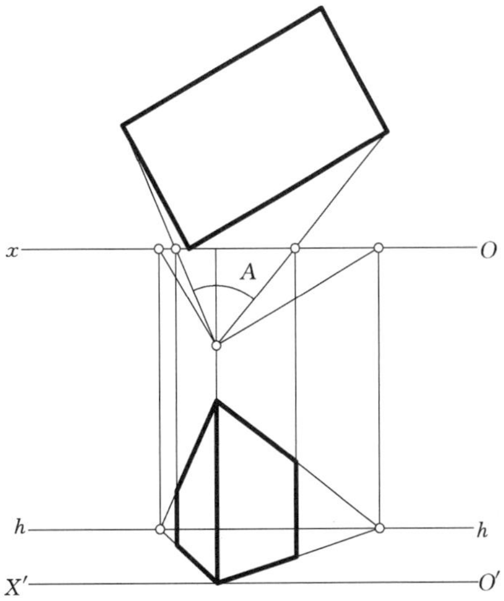

图 4 - 3 - 36　视锥

2. 视距

作形体的透视时，站点对画面的相对位置，宜以视距为画宽的 $1.5\sim2$ 倍的关系来确定，如图 4 - 3 - 37。按这样的关系选择站点的位置，便于将形体收进最佳视野范围内。

景物与画面的位置不变，视高已定，在一点透视图中，当视距近时，画面小；当视距远时，画面大。

在立方体的两点透视中，当视距近时，两灭点间距离较小；当视距远时，两灭点间距离大。即视距越近，立方体的两垂直面缩短越多，透视角度越陡，见图 4 - 3 - 38。

景物与视点的位置不变，视高已定，若画面越近，则两消失点的间距亦小，透视图形小；若画面越远，则两消失点的间距大，透视图形大，两图形相似，见图 4 - 3 - 39。

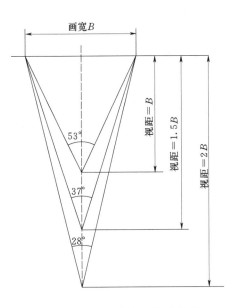

图 4 - 3 - 37　视距与画宽的关系

3. 视高

景物、画面、视距不变，视点的高低变化使透视图形产生仰视图、平视图和俯视图及鸟瞰图。视高的选择直接影响到透视图的表现形式与效果，见图 4 - 3 - 40。平视图视高一般可取人眼的高度 $1.6m$ 左右。

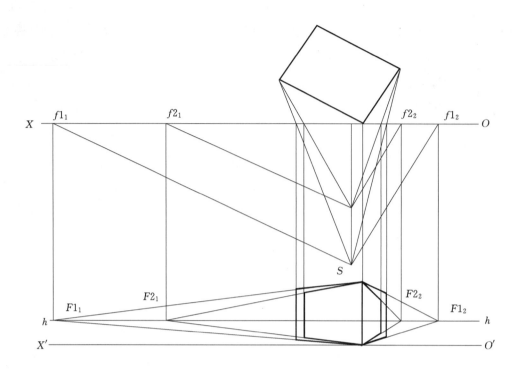

图 4-3-38　不同视距的透视效果

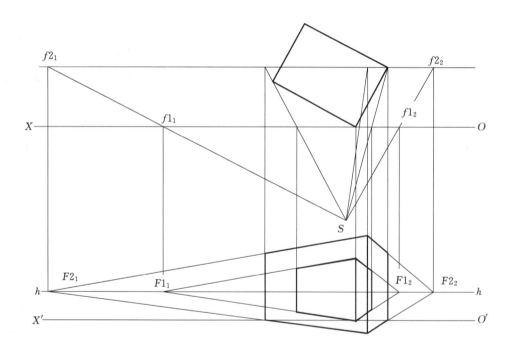

图 4-3-39　不同画面位置的透视效果

4. 透视图形的角度

画面、视点的位置不变，立方体绕着它和画面相交的一垂边旋转，由于旋转角度不同所成的透视图形式多样。如图 4-3-41 所示，1 和 5 为立方体的一垂面和画面平行，透视只有一个灭点，在画面上的面的透视为实形。2、3 和 4 为立方体的垂面和画面倾斜，透视图有两个灭点。

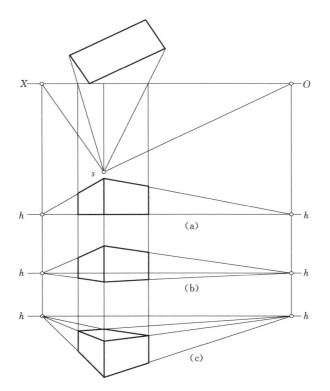

图 4 - 3 - 40　不同视高的透视效果

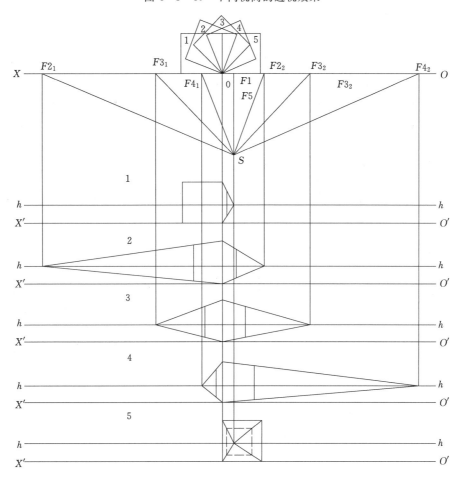

图 4 - 3 - 41　不同角度下的透视效果

项目五

园林景观要素绘制

主要内容：本项目主要介绍园林构成要素植物、山石、水体、园路、地形的图方法和读图规律。

教学目标：通过本项目的学习，为园林初步设计、技术设计阶段，平面图的绘制提供基础。

重要性：园林设计平面图是园林景观设计中设计者表达设计理念、意境、景观组织，展现的主要手段，同时也是施工者组织现场放线等开展园林建设项目建设的主要依据。

学习方法：抄绘不同设计形式和风格的园林设计平面图，掌握园林要素绘制的硬功夫。

园林景观的主要要素有园林植物、水体、假山置石等，在设计中如何生动、逼真、准确的绘制在设计图纸上，掌握各要素的绘制技能和技巧是园林工作者必须具备的基本能力。

任务一　园林植物图样的绘制

园林植物包括乔木、灌木、攀援植物、竹类、花卉、绿篱和草地等，各种类型植物产生的景观效果不相同，其投影效果也各异，因此表示时应采用不同的线形和笔法加以区别，分别表现出其特征。

一、园林乔木图样的绘制

（一）任务分析

如图 5-1-1 所示，某庭院绿化种植设计平面图，为了表述园林乔木的种植位置，及其树木的大小，通常设计园林植物种植设计平面图，种植设计平面图是对种植方案设计的深化、细化、具体化，种植设计平面图要求准确、严谨，图纸表达简洁、清晰。因此作为园林工作者必须掌握各种园林乔木图样绘制的技能。

（二）乔木平面图图样的绘制

在园林景观设计中，设计者大量的应用落叶乔木丰富园林景观设计层次。

1. 乔木平面图表示方法

乔木平面图表示方法，通常用大小不同的点表示乔木的位置及树干的粗细，用一个圆或某种线形

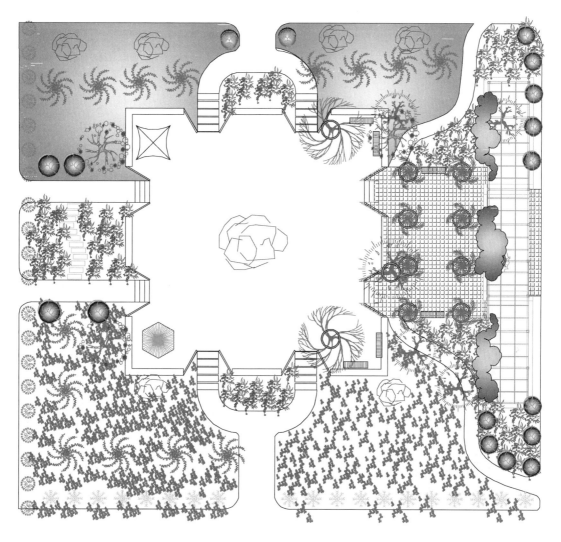

图 5-1-1 某庭院绿化种植设计平面图

表示树冠的形状和大小。树冠的形状平面图表示手法非常多，风格差异比较大，根据不同的表现手法，可将树木的平面现状分为轮廓型、分枝型、枝叶型、质感型，如图 5-1-2 所示。

2. 画乔木平面图的要点

（1）用大小不同的"黑点"表示树木树干的粗细，点越大则树木树干约粗，反之则越细。

（2）各种树木的冠幅大小是不同的，通常用树木平面符号的大小加以反映。

（3）乔木分为常绿、落叶乔木，绘制时图例符号的选择要正确，能够形象、直观的反映植物种植设计。详细按照中华人民共和国行业标准《风景园林图例图示标准》（CJJ—67—95）植物部分绘制。

（三）乔木立面图图样的绘制

乔木的立面图表现的形式有写实的画法，也有图案化或稍加变形的，其风格应与乔木平面图一致。

1. 树形

常见的园林乔木的树形有，球形、卵形、圆锥形、尖塔圆锥形、伞形、半圆球形及其人工修剪的各种形状，园林设计中，每一种树形都有自己的特征，绘制时要仔细观察常见园林植物的树形及其结

图5-1-2　植物图例

构，仔细分析，通常采用写实性画法。如图5-1-3所示。

2.树干

不同的园林乔木其树干与分枝有着明显的区别，即使是同一种树，在幼年期、中年期、老年期的树干结构也有很大的区别，绘制时应该仔细观察不同树种之间树干结构的不同，区别绘制，如图5-1-4所示。

3.园林乔木枝叶的画法

园林乔木具有体积感，有繁茂的枝叶反映其空间的形体，如图5-1-5所示，不同的乔木其枝叶在空间的表现特征也是不同的。

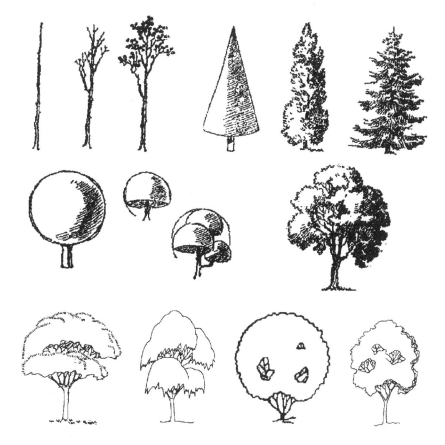

图 5-1-3　所常见园林乔木形

图 5-1-4　不同乔木树干的画法

画树叶要概括,以一当十、以一当百表示繁茂的枝叶

图 5-1-5（一）　乔木枝叶的画法

图 5-1-5（二） 乔木枝叶的画法

二、花灌木图样的绘制

1. 花灌木的平面图

花灌木没有明显的主干，形体较小，通常成片种植，平面图绘制时，通常只绘制花灌木的种植轮廓线，轮廓线内用点、圈、三角、曲线等来表示花叶，如图 5-1-6 所示。

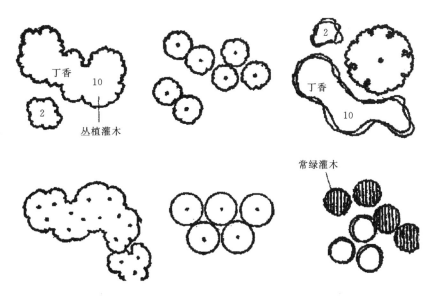

图 5-1-6　花灌木平面图的画法

2. 花灌木立面图的画法

通常结合具体花灌木的外形特征，用线条勾画出花灌木的立面图，如图 5-1-7 所示。

图 5-1-7　花灌木的立面图表示法

三、绿篱图样的绘制

1. 绿篱平面图

绿篱分为常绿绿篱和落叶绿篱，在平面图绘制常绿绿篱时通常用斜线或弧线交叉表示，落叶绿篱只画绿篱的外轮廓线或加上种植位置的黑点来表示。修剪整齐的绿篱外轮廓线平直，不修剪的为自然曲线。如图 5-1-8 所示。

2. 绿篱立面图

绿篱立面图可根据不同的植物材料的叶形，用自由曲线、圆形曲线来勾绘。如图 5-1-9 所示。

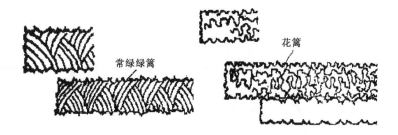

图 5-1-8 常绿、落叶绿篱平面图

图 5-1-9 绿篱立面图

任务二 置石图样的绘制

一、任务分析

园林景观设计中，选择造型独特的山石，布置在园林之中，起到丰富园林景观环境，展现设计者的设计意图，突出主题的作用，在设计中设计者通常绘制置石的平面图和立面图。

二、置石平面图的画法

置石平面图中通常根据其形状特点，用线条勾画其轮廓，绘制时轮廓线线条要用粗线，石块面、纹理可用较细、较浅的线条或点勾绘，以体现置石的体积感。如图 5-2-1 所示。

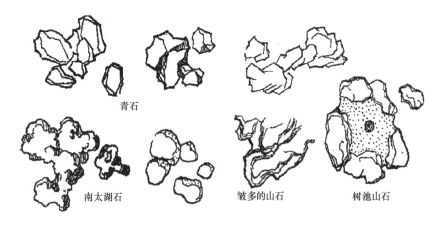

青石

南太湖石   皱多的山石   树池山石

图 5-2-1 置石平面图

三、置石立面图的画法

置石立面图的表示方法与平面图的基本一致，用线条勾画其轮廓，绘制时轮廓线线条要用粗线，石块面、纹理可用较细、较浅的线条或点勾绘，以体现置石的 体积感。不同的置石应采用不同的线条表现其纹理，如图5-2-2所示。

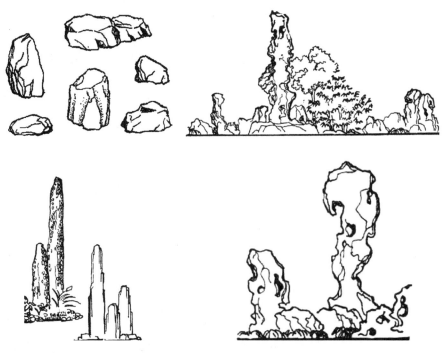

图5-2-2 置石立面图

任务三 水体水面图样的绘制

一、任务分析

水体设计的形式多样，有拟自然水体溪流、瀑布、江河湖海设计的水体，也有设计的水池、喷泉等规则式水体，是园林景观设计的主要素材，这可参考相关的艺术图书加以丰富和完善。

二、静态水体水面的画法

通常用长短不一的平行线绘制，根据设计水体的深浅，灵活应用平行线的疏密来表示。切忌在绘制中平行线段长短一致、成排成行布局。绘制大面积水体时，通常将水池边平行线加密，池中线条绘制的稀疏一些，如图5-3-1所示。

三、动态水体水面的画法

通常用自然曲线绘制动态的水体水面，曲线条要自然流畅，其距离切忌等距离绘制，如图5-3-2所示。

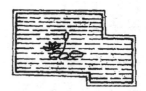

图 5-3-1 静态水面的画法

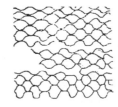

图 5-3-2 动态水面的画法

任务四 园路工程图的绘制

一、任务分析

园路是园林绿地构图中的重要组成部分，是联系各景区、景点以及活动中心的纽带，园路在园林中具有组织交通、引导游览、组织景观、划分空间、构成园景重要的功能，如图 5-4-1 所示。

园路一般分为三种类型，即主干道、次干道和游步道。主干道 3～4m，贯穿全园各景区，多呈环状分布。次干道 2～3m，是各景区内的主要游览交通路线。游步道是深入景区内游览和供游人漫步休息的道路，双人游步道 1.5～2m，单人游步道 0.6～0.8m。道路的坡度要考虑排水效果，一般不小于 3％。纵坡一般不大于 8％。如自然地势过大，则要考虑采用台阶。园路的构造要求基础稳定、层次结实、路面铺装自然美观。不同级别的道路的承载要求不同，因此要根据不同等级确定断面层数和材料。在园路设计中园路工程图主要包括园路路线平面图、路线纵断面图、路基横断面图和铺装详图。

二、园路工程图的绘制步骤及要点

（一）园路路线平面图

园路路线平面图的任务是表达园路路线的线型（直线或曲线）状况和方向，以及沿线两侧一定范围内的地形和地物等。地形和地物一般用等高线和图例来表示，图例画法应符合总图制图标准的规定。园路路线平面图一般所用的比例较小，通常采用 1：500～1：2000 的比例。所以在路线平面图中延道路中心画一条粗实线来表示路线。如比例较大，也可按路面宽画双线表示路线。新建道路用中粗线，原有道路用细实线。

园路路线平面由直线段和曲线段（平曲线）组成，如图 5-4-2（a）所示，是道路平面图图例画法，R9 表示转弯半径 9m，150.00 为路面中心标高，纵向坡度 6％，变坡点间距 101.00，JD2 是交角点编号。如图 5-4-2 所示，是用单线画出的园路路线平面图。为清楚地看出路线总长和各段长，一

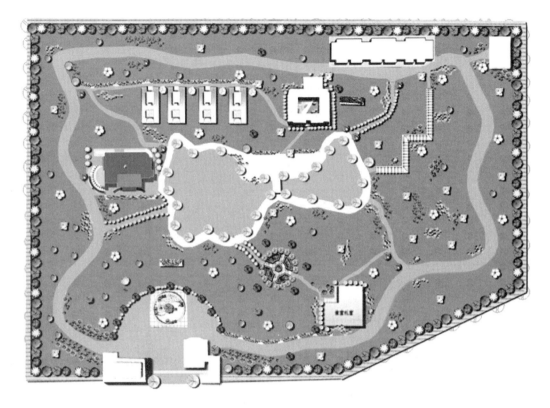

图 5-4-1 某小游园设计平面图

般由起点到终点沿前进方向左侧注写里程桩，符号 ◖。沿前进方向右侧注写百米桩。路线转弯处要注写转折符号，即交角点编号，例如 JD17 表示第 17 号交角点。沿线每隔一定距离设水准点，BM.3表示 3 号水准点，73.837 是 3 号水准点高程。

如果园路路线狭长需要画在几张图纸上时，应分段绘制。如图 5-4-3 所示，路线分段应在整数里程桩断开。断开的两端应画出垂直于路线的接图线（点划线）。接图时应以两图的路线"中心线"为准，并将接图线重合在一起，指北针同向。每张图纸右上角应绘出角标，注明图纸序号和图纸总张数，在最后一张图的右下角绘出图标和比例尺。

（二）路线纵断面图

路线纵断面图用于表示路线中心地面起伏状况。纵断面图是用铅垂剖切面沿着道路的中心进行剖切，然后将剖切面展开成一立面，纵断面的横向长度就是路线的长度。园路立面由直线和竖曲线（凸形竖区线和凹形竖区线）组成。由于路线的横向长度和纵向长度之比相差很大，故路线纵断面图通常采用两种比例，比如长度采用 1 : 2000，高度采用 1 : 200，相差 10 倍。

路线纵断面图用粗实线表示顺路线方向的设计坡度线，简称设计线。地面线用细实线绘制，具体画法是将水准测量测得的各桩高程，按图样比例点绘在相应的里程桩上，然后用细实线按顺序把各点连接起来，故纵断面图上的地面线为不规则曲折状。

设计线的坡度变更处，两相邻纵坡度之差超过规定数值时，变坡处需要设置一段圆弧竖曲线按顺序把各点连接两相邻纵坡。应在设计线上方表示凸形竖线和凹形竖线，标出相邻纵坡交点的里程桩和标高，竖曲线半径、切线长、外距、竖曲线的始点和终点。如变坡点不设置竖曲线时，则应在变坡点

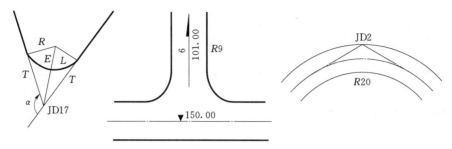

(a)道路图例

交角点	交角点里程桩	偏交 α		R	T	L	E
		左	右				
JD10	610.74	38°18		50	17.36	33.42	2.93
11	653.04	23°43		50	10.50	20.69	1.09
12	689.55		18°26	70	11.36	22.52	0.92
13	737.16		15°05	50	6.62	13.17	0.44
14	769.80		25°59	20	9.96	18.49	2.35
15	847.56	89°51		15	14.96	23.52	6.19
16	899.38		20°24	100	17.99	35.61	1.61
17	1+011.67		119°46	15	25.86	31.35	14.89
18	052.21	10°54		200	19.08	38.05	0.91
19	128.35	16°51		80	11.85	23.53	0.87
JD20	165.84		3°10				

(b)平曲线表

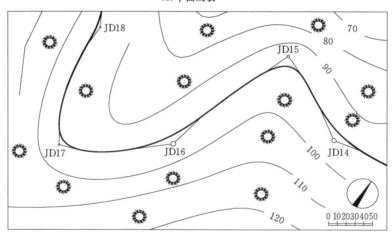

(c)路线平面图

图 5-4-2　园路平面图

注明"不设"。路线上的桥涵构筑物和水准点都应按所在里程桩在设计线上，标出名称、种类、大小、桩号等，如图5-4-4所示。

　　在图样的正下方还应绘制资料表，主要内容包括：每段设计线的坡度和坡长，用对角线表示坡度方向，对角线上方标坡度，下方标坡长，水平段用水平线表示。每个桩号的设计标高和地面标高。平曲线（平面示意图），直线段用水平线表示，曲线用上凸和下凹图线表示，标注交角点编号、转折角和曲线半径。资料表应与路线纵断面图的各段一一对应。路线纵断面图用透明方格纸画，一般总有若干张图纸。

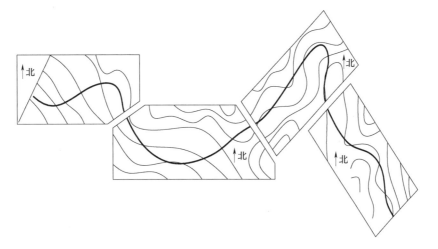

图 5-4-3 路线图拼接

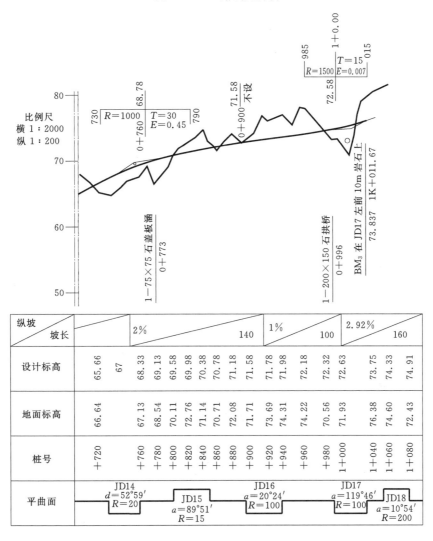

比例尺
横 1:2000
纵 1:200

纵坡 坡长		2%		140		1%		100		2.92%		160	
设计标高	65.66 / 67	68.33	69.13	69.58	69.98	70.38	70.78	71.18	71.58	71.78	71.98	72.18	72.32	72.63	73.75	74.33	74.91
地面标高	66.64	67.13	68.54	70.11	72.76	71.14	70.71	72.08	71.71	73.69	74.31	74.22	70.56	71.93	76.38	74.60	72.43
桩号	+720	+760	+780	+800	+820	+840	+860	+880	+900	+920	+940	+960	+980	1+000	1+040	1+060	1+080
平曲面	JD14 $d=52°59'$ $R=20$		JD15 $a=89°51'$ $R=15$			JD16 $a=20°24'$ $R=100$			JD17 $a=119°46'$ $R=100$			JD18 $a=10°54'$ $R=200$	

图 5-4-4 路线纵断面图

（三）路基横断面图

路基横断面图是用垂直于设计路线的剖切面进行剖切所得的图形，作为计算土石方和路基施工依据。

沿道路路线一般每隔20m画一路基横断面图，沿着桩号从下到上，从左到右布置图形。横断面的地面线一律画粗实线，每一图形下标注桩号、断面面积F、地面中心到路基中心的高差H，如图5－4－5所示。断面图一般有三种形式：填方段程路堤、挖方段程路堑和半填半挖路基。

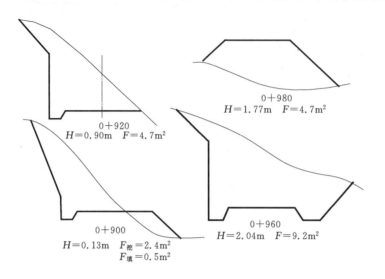

图5－4－5　路基横断面图

路基横断面图一般用1：50，1：100，1：200的比例。应画在透明方格纸上，便于计算土方量。

（四）铺装详图

铺装详图用于表达园路面层的结构和铺装图案。如图5－4－6所示，是一段园路的铺装详图。

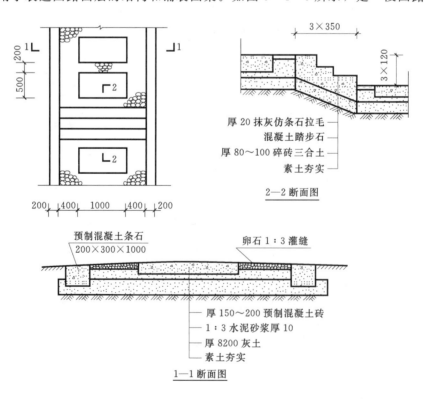

图5－4－6　铺装详图

用平面图表示路面装饰性图案，常见的园路面有：花街路面、卵石路面图5－4－7、石板路面图5－4－8、混凝土板路面、嵌草路面、雕刻路面等。雕刻和拼花图案应画平面大样图。路面结构用断面图表达。路面结构一般包括：面层、结合层、基层、路基等，图5－4－6中1—1断面图。当路面纵坡坡度超过120°时，在不通车的游步道上应设台阶，台阶高度一般120～170mm，踏步宽300～380mm，每8～10级设一平台阶段，图2—2断面图表达台阶的结构。图5－4－9砖铺装详图。

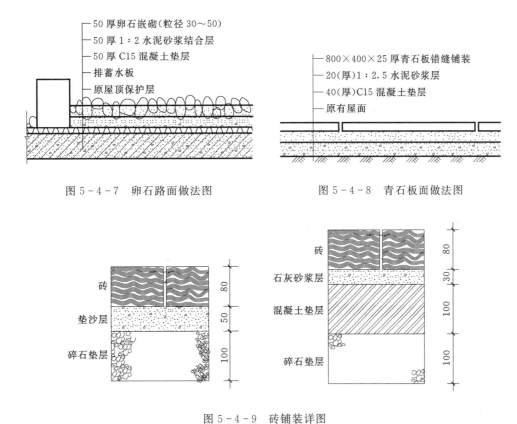

图5－4－7 卵石路面做法图　　　　　　　图5－4－8 青石板面做法图

图5－4－9 砖铺装详图

任务五　地形设计图的绘制与识读

一、任务分析

地形设计图也叫竖向设计图，是根据设计平面图及原地形图绘制的地形详图，它借助标注高程的方法，表示地形在竖直方向上的变化情况，是造园林工程土方调配预算和地形改造施工的主要依据。在实际工作中，园林总体规划设计应与地形设计和地形景观规划同时进行，以利于创造技术经济合理、景观和谐、富有生机的园林作品。

地形设计图主要表达地形地貌、建筑、园林植物和园路系统等各造园要素的坡度与高程内容，如园路主要折点、交叉点和变坡点的标高及纵坡坡度，各景点的控制标高，建筑物控制标高，水体、山石、道路及出入口的设计高程，地形现状及设计高程等，如图5－5－1所示。

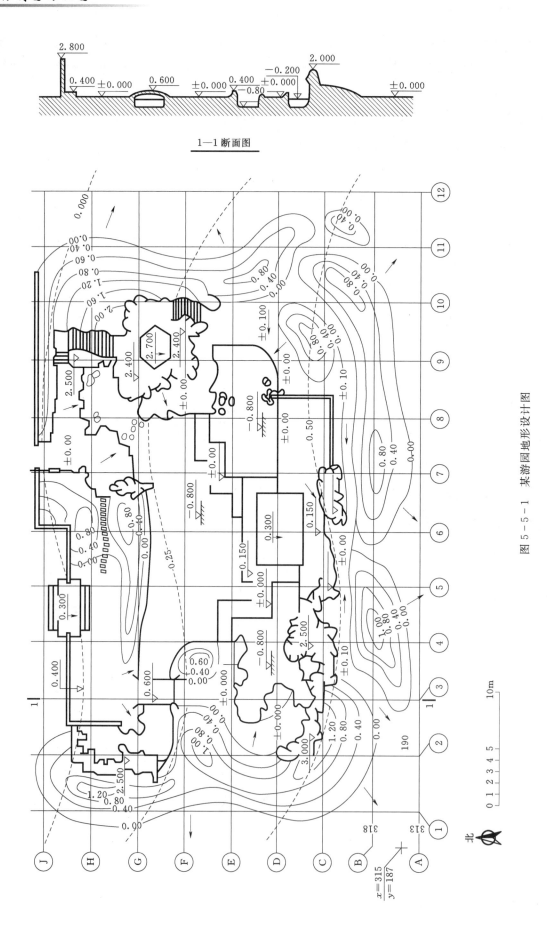

1—1 断面图

图 5-5-1 某游园地形设计图

二、绘制要点

1. 绘制等高线

根据地形设计，选定等高距，用细实线绘出设计地形等高线，用细虚线绘出原地形等高线。等高线上应标高程，高程数字上等高线应断开，高程数字的字头应朝向山头，数字要排列整齐。周围平整地面高程为±0.00，高于地面为正，数字前"＋"号省略；低于地面为负，数字前应注写"－"号。高程单位为m，要求保留两位小数。

对于水体，用特粗实线表示水体边界线（即驳岸线）。当湖底为缓坡时，用细实线绘出湖底等高线，同时应标注高程，并注高程数字处将等高线断开。当湖底为平面时，用标高符号标注湖底高程，标高符号下面应加画短横线和45°斜线表示湖底，如图5-5-1所示。

2. 标注建筑、山石、道路高程

将设计平面图中的建筑、山石、道路、广场等位置按外形水平投影轮廓绘制到地形设计图中，其中建筑用中实线，山石用粗实线，广场、道路用细实线。建筑应标注内地坪标高，以箭头指向所在位置。山石用标高符号标注最高部位的标高。道路高程一般标注在交会、转向、变坡处，标注位置以圆点表示，圆点上方标注高程数字。

3. 标注排水方向

根据坡度，用箭头标注雨水排水方向，如图5-5-1所示。

4. 绘制方格网

为了便于施工放线，地形设计图中应设置方格网。在设置时，尽可能使方格某一边落在某一固定建筑设施边线上（目的是便于将方格网测设到施工现场），每一网格边长可为5m、10m、20m等，按需而定，其比例与图中一致。方格网应按顺序编号，纵向自上而下，用拉丁字母编号，并按测量基准点的坐标，标注出纵横第一网格坐标。

5. 绘制比例、指北针和注写标题栏、技术要求

这些要求同园林设计平面图。

6. 绘制局部断面图

必要时，可绘制出某一剖面的断面图，以便直观地表达该剖面上竖向变化情况，如图5-5-1中1-1断面图所示。

三、地形设计图的阅读

1. 看图名、比例、指北针、文字说明

了解工程名称、设计内容、所处方位和设计范围。

2. 看等高线的含义

看等高线的分布及高程标注，了解地形高低变化、水体深度，并与原地形对比，了解土方工程情况。从图5-5-1中可见，该园水池居中，近方形，常水位为-0.20m，池底平整，标高均为-0.80m。游园东、西、南部分布坡地土丘，高度为0.6~2m，以东北角为最高，结合原地形高程可

115

见中部挖方较大，东北角填方量较大。

3. 看建筑、山石和道路高程

图 5 - 5 - 1 中六角亭置于标高为 2.40m 的山石之上，亭内地面标高 2.70m 成为全园最高景观。水榭地面标高为 0.30m，拱桥桥面最高点为 0.6m，曲桥标高为±0.00。园内布置假山三处，高度为 0.80～3.00m，西南角假山最高。园中道路较平坦，除南部、西部部分路面略高外其余均为±0.00。

4. 看排水方向

从图 5 - 5 - 1 中可见，该园利用自然坡度排除雨水，大部分雨水流入中部水池，四周流至园外。

5. 看坐标以确定施工放线依据

方法同设计平面图。

项目六

植物种植设计平面图绘制

主要内容： 本项目主要介绍天水奔马啤酒有限公司厂前区植物种植设计、天河酒业庭院设计植物种植设计图、游园设计总平面图的绘制，总结植物种植设计图绘制的方法及技巧。

教学目标： 通过本项目的学习，掌握植物种植设计图的绘图要点和读图的能力。

重要性： 园林植物种植设计平面图是表达园林植物创造园林空间布局的主要形式，是评价园林环境生态效益的主要依据。

学习方法： 抄绘不同设计形式和风格的园林植物种植设计平面图，不断加强练习，夯实基本功。

园林景观种植设计图是对种植方案设计的细化，是非常具体、准确并具有可操作性的图纸文件。在整个项目的规划设计及施工中，起着承上启下的作用，是将规划设计变为现实的重要步骤。它直接面对施工人员，同时也是绿化种植工程预结算、施工组织管理、施工监理及验收的依据。因此，种植施工图设计要求准确、严谨，图纸表达简洁、清晰。

任务一 天水奔马啤酒有限公司厂前区植物种植设计平面图的绘制

一、任务分析

如图 6-1-1 所示，是天水啤酒有限公司厂前区景观设计效果图。为了进一步表达园林植物，设计者必须绘制园林植物种植设计平面图，是园林绿化工程施工的主要依据，同时是对种植方案设计的深化、细化、具体化，因此种植设计平面图要求准确、严谨，图纸表达简洁、清晰。

二、天水奔马啤酒有限公司厂前区植物种植设计平面图绘制

1. 绘制天水奔马啤酒有限公司厂前区原有现状图

绘制天水奔马啤酒有限公司厂前区原有现状图，主要包括已经完成的园路、水池、广场等详细位置图，绘制时必须严格按照建设单位提供的测绘图纸为依据，如有疑问时，必须认真核对测绘图纸，必要时到现场进行勘察，确保绘制无误，如图 6-1-2 所示。

图 6-1-1　天水啤酒有限公司厂前区景观设计效果图

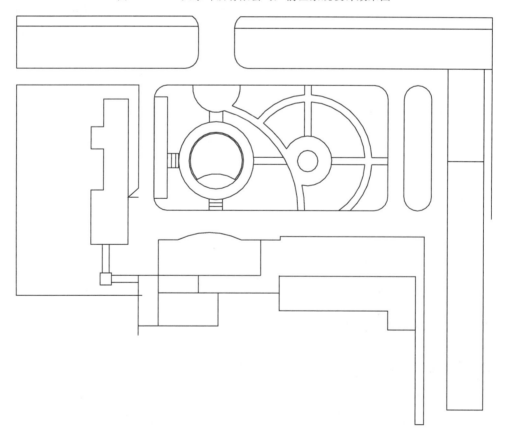

图 6-1-2　天水奔马啤酒有限公司厂前区现状图

2. 绘制设计中乔木及造型灌木

绘制龙爪槐、紫叶李、石榴、红叶石楠球、贴梗海棠造型球，绘制中图例符号选择，参照项目五中园林乔木图样的绘制或查阅有关园林植物图例的有关规定，图例符号应用正确；图例中圆的直径，表示设计树木的冠幅大小，因此，绘制中严格设计绘制，如图 6-1-3 所示。

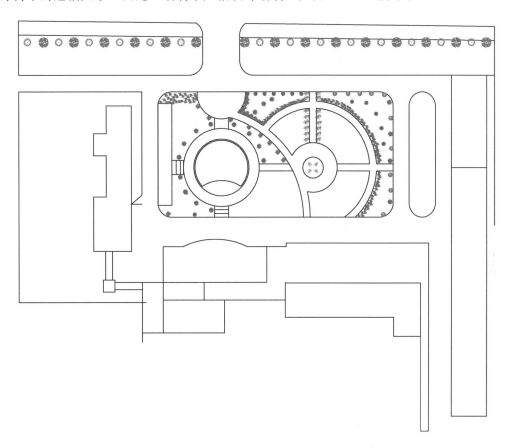

图 6-1-3　天水奔马啤酒有限公司厂前区乔木种植图

3. 绘制天水奔马啤酒有限公司厂前区花灌木种植图

绘制设计中丰花月季、小叶黄杨、金边女贞、美人蕉等花灌木，绘制中图例符号选择，参照项目五中园林花灌木图样的绘制或查阅有关园林植物图例的有关规定，图例符号应用正确。如图 6-1-4 所示。

4. 绘制草坪

绘制草坪时，注意绘制的草坪点为点圆，切忌成排成行，靠近园路、广场建筑适当可以密一些，远离是渐变疏一些。如图 6-1-5 所示。

5. 绘制指北针，编制苗木统计表，书写设计说明，绘制边框线、标题栏

苗木统计表中的图例符号必须与图样图例符号一致。列表说明所设计的植物编号、树种名称、拉丁文名、单位、数量、规格、出圃年龄等。

设计说明字体采用长仿宋体字书写。其主要内容包括位置、现况、面积、工程性质、规划设计原则、规划设计内容、功能分区（分区说明安排的内容）、面积比例、树木安排、管线电气说明、管理人员编制说明等。

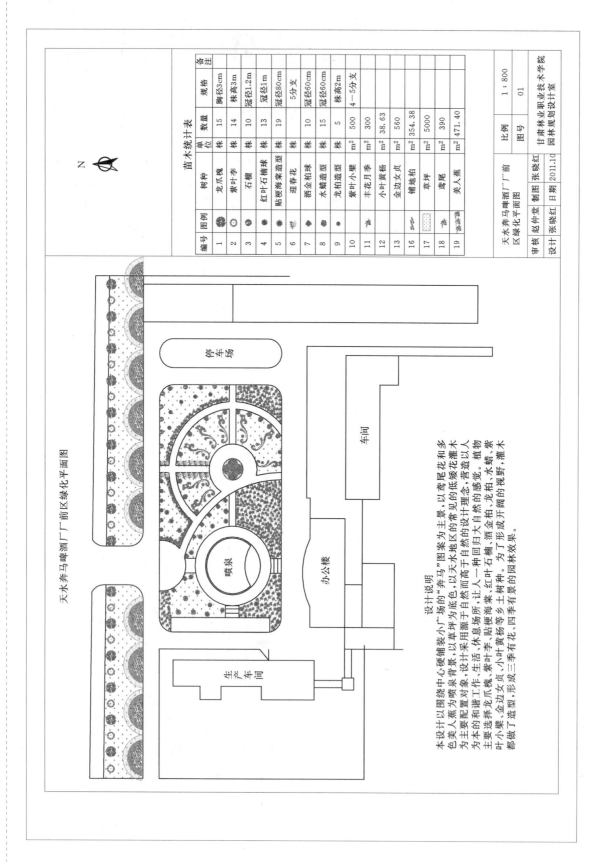

天水奔马啤酒厂厂前区绿化平面图

编号	图例	树种	单位	数量	规格	备注
1		龙爪槐	株	15	胸径3cm	
2		紫叶李	株	14	株高3m	
3		石楠	株	10	冠径1.2m	
4		红叶石楠球	株	13	冠径1m	
5		贴梗海棠造型	株	19	冠径80cm	
6		迎春花	株			5分支
7		洒金柏球	株	10	冠径60cm	
8		水柏造型	株	15	冠径60cm	
9		龙柏造型	株	5	株高2m	
10		紫叶小檗	m²	500	4—5分支	
11		丰花月季	m²	300		
12		小叶黄杨	m²	38.63		
13		金边女贞	m²	560		
16		铺地柏	m²	354.38		
17		草坪	m²	5000		
18		鸢尾	m²	390		
19		美人蕉	m²	471.40		

苗木统计表

天水奔马啤酒厂厂前区绿化平面图		比例	1：800
		图号	01
审核	赵仲堂	制图	张晓红	甘肃林业职业技术学院
设计	张晓红	日期	2011.10	园林规划设计室

设计说明

本设计以围绕中心硬质铺装小广场的"奔马"图案为主景,以鸢尾花和多色美人蕉为背景,以草坪为底色,以天水地区的常见的低矮花灌木为主要配置对象,设计采用源于自然而高于自然的设计理念,营造以人为本的和谐工作、生活、休息场所,让人一种回归大自然的感觉。植物主要选择龙爪槐、紫叶李、贴梗海棠、红叶石楠、龙柏、酒金柏等乡土树种。为丁形成开阔的视野、形成有景的园林效果。叶小檗、金边女贞、小叶黄杨、铺地柏等乡土树种。为丁造型都做丁造型,形成三季有花,四季有景的园林效果。

图6—1—4 天水奔马啤酒有限公司厂前区绿化设计平面图

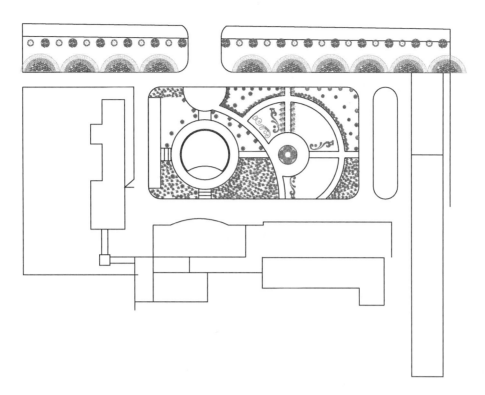

图 6-1-5　天水奔马啤酒有限公司厂前花冠木种植图

严格按照项目一中的有关规定绘制边框线、标题栏。

三、加深图形

加深图形时，除了按照项目一中要求，严格按次序绘图，同时特别要注意线型的应用，主体建筑、图纸边框线用粗实线，道路、广场边缘轮廓线用中粗实线，乔木冠幅轮廓线、花灌木轮廓线用细实线。完成天水奔马啤酒有限公司厂前区绿化设计平面图绘制。

四、植物种植设计平面图常见问题

虽然对园林景观种植设计平面图有许多相关的规范、标准，但多分散存各种规范之中，所包含的内容也不够全面，总体上讲，还没有形成完整统一的、针对园林景观种植施工图设计的规范。各设计单位根据工作需要，总结出各自的种植设计平面图标准，在重大项目分段设计、招标，多个设计单位共同承担设计工作时，由于设计图纸标准不统一，互相交流与沟通中会产生一些障碍，给施工组织、实施带来不便，主要表现在以下几个方面。

1. 园林景观种植设计内容和深度不统一

（1）种植设计只达到初步深度，没有针对植物个体进行设计，还停留在概括的表达，实际操作指导性差。

（2）种植设计没有针对植物种植进行准确的放线定位，植物种植定位准确性差。

（3）种植说明不够完整。

2. 种植施工设计图纸表达不够清晰

（1）种植植物图形过于复杂，植物的种植点表达不清，影响植物准确定位。

121

（2）种植植物标注不清楚，没有将相同植物的种植点用线段连接起来，需根据图例去查找，缺乏直观性。

（3）种植点间距与植物生理生长密度不符，影响植物正常生长。

（4）种植设计图只有植物汇总表，缺少分表，植物名录不完全，在工程施工分段实施中，还需要重新统计，给施工组织带来不便。

（5）图纸分幅不清。图纸之间的衔接不明确。

根据种植设计具体工作环境中存在的问题，在绘制园林植物种植设计图处理好以下几个方面的问题。

（1）种植设计方案要对种植构思、种植风格、植物景观的总体把握，是对植物种植层次、种植基本形式、植物种类的总体要求全面把握。

（2）种植设计图要对种植方案设计的深化、细化、具体化。通过种植设计图，将涉及到每一个细节、每一株植物单体，通过每一株植物材料的具体搭配来体现设计构思、设计风格、设计意境，创造出优美宜人的植物景观。

（3）种植说明是种植设计图不可缺少的组成部分，是对施工图设计的概括总结和补充。在种植说明中，要对种植施工的各主要环节提出要求，并对设计中所采用的植物苗小规格进行严格的规定，以满足植物造景的需要和施工人员对种植施工设计有总体的了解，为施工组织管理提供依据。

（4）图纸内容应包括种植定位、种植标注、植物名录表以及种植说明。

（5）图纸表达要尽可能避繁就简，共性的内容可集中说明，突出重点。

任务二　天河酒业庭院设计植物种植设计图的绘制

主要内容：本项目主要介绍园林构成要素植物、山石、水体、园路、地形的图方法和读图规律。

教学目标：通过本项目的学习，为园林初步设计、技术设计阶段，平面图的绘制提供基础。

重要性：园林设计平面图是园林景观设计中设计者表达设计理念、意境、景观组织，展现的主要手段，同时也是施工者组织现场放线等开展园林建设项目建设的主要依据。

学习方法：抄绘不同设计形式和风格的园林设计平面图，掌握园林要素绘制的硬功夫。

一、任务分析

天河酒业庭院设中，植物种植施工图是表示植物位置、种类、数量、规格及种植类型的平面图，是组织种植施工和养护管理、编制预算的重要依据，它应能准确表达出种植设计的内容和意图，并且对于施工组织、施工管理以及后期的养护都起到很大的作用。植物种植施工图应包含图名、比例、指北针、苗木表以及文字说明。在天河酒业庭院设计中，园林景观设计主要表现在厂前区设计中，因此以厂前区植物种植施工图为例，如图6-2-1所示。

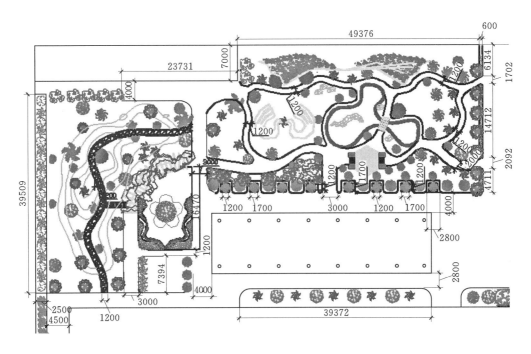

图 6-2-1　天河酒业庭院厂前区种植设计局部施工图

二、绘图要求

1. 植物种植设计平面图

（1）在设计平面图的基础上，绘出建筑、水体、道路及地下管线等位置，其中水体边界线用粗实线，沿水体边界线内侧用细实线表示出水面，建筑物用中实线，道路用细实线，地下管道或构筑物用中虚线。

（2）种植设计图。将各种植物按平面图中的图例，绘制在所设计的种植位置上，并应以圆点示出树干位置。树冠大小按成龄后冠幅绘制，如图6-2-1所示。

2. 编制种植设计苗木统计

在种植施工图中应该配备准确统一的苗木表，通常苗木表的内容应包编号、树种名称、数量、规格、苗木来源和备注等内容，有时还要标注上植物的拉丁学名、植物种植时和后续管理时的形状姿态、整形修剪的特殊要求等。

3. 标注定位尺寸

自然式植物种植设计图，宜用与设计平面图、地形图同样大小的坐标网确定种植位置。

4. 绘制种植详图

必要时按苗木统计表中编号（即图号）绘制种植详图，说明种植某一种植物时挖坑、覆土、施肥、支撑等种植施工要求。

5. 绘制比例、风玫瑰图或指北针和主要技术要求及标题栏

方法同园林设计平面图。

三、植物种植设计图的识读

识读植物种植设计图用以了解工程设计意图、绿化目的及其所达效果，明确种植要求，以便组织施工和作出工程预算。

1. 看标题栏、比例、风玫瑰图或方位标

明确工程名称、所处方位和当地主导风向，明确绿化工程的目的、性质与范围，了解绿化施工后应达到的效果。

2. 看图中索引编号和苗木统计表

根据图示各植物编号，对照苗木统计表及技术说明，了解植物种植的种类、数量、苗木规格和配置方式。

3. 看植物种植定位尺寸

明确植物种植的位置及定点放线的基准。

4. 看种植详图

明确具体种植要求，组织种植施工。

任务三　游园设计总平面图的绘制

一、任务分析

游园设计总平面图是表现规划范围内的各种造园有要素（如地形、山石、水体、园路建筑及植物等）布局位置的水平投影图，它是反映园林工程总体设计意图的主要图纸，也是绘制其他图纸及造园施工的依据，如图6-3-1所示。该园布局以水池为中心，主要建筑为南部的水榭和东北部的六角亭，水池东部设拱桥一座，水榭由曲桥相连，北部和水榭东侧设有景墙和园门，六角亭建于石山、壁泉和石洞各一处，水池东北角和西南角布置汀步两处，桥头、驳岸处散点山石，入口处园路以冰纹路为主，六角亭南，北侧设台阶和三石蹬道，南部布置小径通向园外。植物配置，外围以阔叶树群为主，内部点缀孤植树和灌木。

二、绘图要求

由于游园设计总平面图比例较小，设计者不可能将构思中的各种造园要素以其真实形状表达于图纸上，而是采用一些经国家统一制定的或"约定俗成"的简单而形象的图形来概括表达其设计意图，这些简单而形象的图形叫做"图例"，常用图例参考风景园林图例图示标注。

（一）园林要素表示法

1. 地形

地形的高低变化及其分布情况通常用等高线表示。设计地形等高线用细实线表示，原地形等高线用细虚线绘制，设计平面图中等高线可以不注高程。

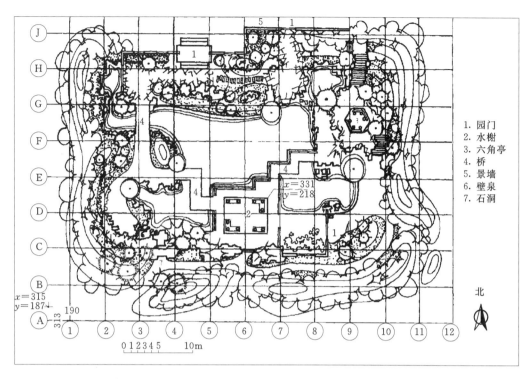

1. 园门
2. 水榭
3. 六角亭
4. 桥
5. 景墙
6. 壁泉
7. 石洞

图6-3-1　某游园设计总平面图

2. 建筑和园林小品

在大比例图纸中，对于有门窗的建筑，可以采用通过窗台以上部位的水平刨面图来表示，对于没有门窗的建筑，采用通过支撑柱部位的水平剖面图来表示。用粗实线画出断面轮廓，用实线画出其他可见轮廓，此外，也可采用屋顶平面图来表示（仅适用于坡屋顶和曲面屋顶），用粗实线画出外轮廓，用细实线画出屋面。对花坛、花架等建筑小品用细实线画出投影轮廓。在小比例图纸中（1∶1000以上），只须用粗实线画出水平投影外轮廓线，建筑小品可不画。

3. 水体

水体一般用两条线表示：外面的一条表示水体边界线（即驳岸线），用特粗实线绘制；里面的一条表示水面，用细实线绘制，如图6-1-1中水池的绘制。

4. 园路、广场

用中粗实线画出园路广场路缘，对铺装路面也可按设计图案简略示出。

5. 植物种植

园林植物由于种类繁多、姿态各异，平面图中无法详尽表达，一般采用"图例"概括表示，所绘图例应区分出针叶树、阔叶树、常绿树、落叶树、乔木、灌木、绿篱、花卉、草坪、水生植物等参照项目五园林植物的绘制及中华人民共和国行业标准中风景园林图例图示标准。绘制植物平面图图例时，要注意曲线过渡自然，图形应形象、概括，并编制苗木统计表。

（二）标题

在平面图中通常在图纸的显要位置列出设计项目及设计图纸的名称，除起到标示、说明作用外，标题还应该具有一定的装饰效果，以增强图面的观赏效果。在书写的时候应该注意可识别性和整体性，严格按照项目一中字体书写的有关规定书写。

（三）标题栏

严格按照项目一中标题栏的有关规定绘制。

（四）书写设计说明

为了更清楚表达设计意图，必要时总平面图上可书写说明性文字，如图例说明、方位、朝向、占地范围、地形、地貌、周围环境及建筑物室内外绝对标高等。设计说明语言简练书写要规范。

任务四　植物种植设计图的识读

识读植物种植设计图用以了解工程设计意图、绿化目的及其所达效果，明确种植要求，以便组织施工和作出工程预算，识读步骤如下。

一、看标题栏、比例、风玫瑰图或方位标

明确工程名称、所处方位和当地主导风向，明确绿化工程的目的、性质与范围，了解绿化施工后应达到的效果。

二、看图中索引编号和苗木统计表

根据图示各植物编号，对照苗木统计表及技术说明，了解植物种植的种类、数量、苗木规格和配置方式。如图6-4-1所示，度假村游园周围红花刺槐33株、金丝垂柳15株、雪松15株、悬铃木

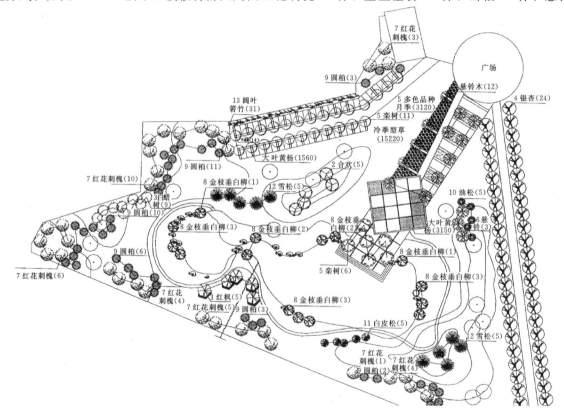

图6-4-1　某度假村园林绿化种植设计平面图

15 株、圆柏 40 株、油松 5 株、合欢 5 株、银杏 47 株、红枫 5 株等乔木和大叶黄杨等花灌木种植而成。在读图中结合图例及其种植位置。五角枫等针、阔叶乔木为主，配以黄刺玫、紫丁香等灌木。西北角种植黄栌 5 株、五角枫 2 株，以观红叶。东北、西南假山处配置油松 11 株，与山石结合显得古拙。六角亭后配置悬铃木 4 株，形成高低层次。中部沿驳岸孤植垂柳 4 株，形成垂柳入水之势等。

三、看植物种植定位尺寸

明确植物种植的位置及定点放线的基准。

四、看种植详图

明确具体种植要求，为组织施工作准备。

项目七

水景工程图绘制

主要内容：本项目以水景工程水池驳岸、喷水池设计施工图的绘制，总结水景工程图绘制的方法及技巧。

教学目标：通过本项目的学习，掌握水景工程图的绘图要点和读图的能力。

重要性：园林工程建设中、喷泉、水池、瀑布、叠水等水体景观设计是园林景观设计的灵魂，在现代园林设计中广泛的应用，掌握水景工程图的绘制与识图是园林工作者最基本的能力。

学习方法：收集水景设计相关资料，整理资料，选择具有典型代表的设计抄绘，不断推敲，深入思考，积累经验，总结提高。

水景工程图是表达水景工程构建物（如码头、护坡、驳岸、喷泉、水池、溪流、瀑布等）的图样。在水景工程图中，除表达工程设施的土建部分外，一般还有机电、管道、水文地质等专业内容。本项目主要介绍水池、喷泉工程图的绘制过程及要点，总结出水景工程的表达方法，水景工程图的内容。

任务一 水池驳岸工程图的绘制

水池是园林水景设计最常见的一种形式，水池设计图除了绘制水池平面图以外，其关键绘制驳岸。

一、园林设计中常见驳岸的类型

按照造型形式将驳岸分为规则式驳岸、自然式驳岸和混合式驳岸。规则式驳岸多属于永久性的，要求较好的砌筑材料和较高的施工技术，其特点简洁规整，但缺乏变化如图7-1-1（a）、（b）所示。自然式驳岸外观无固定的形状或规格的岸坡处理，其景观效果好。混合式驳岸是自然式与规则式的结合，这种驳岸易于施工，同时具有一定的德装饰性，适用于地形许可且具有一定装饰要求的湖岸。图7-1-1（c）所示。驳岸通常是由基础、墙身和压顶三部分组成，图7-1-2所示。砌石类驳岸是在天然的地基上直接砌筑的驳岸，埋设深度不大，但基址坚实稳定。通常绘制驳岸构造图，为水池工程建设提供技术资料，图7-1-3，常见驳岸构造图。

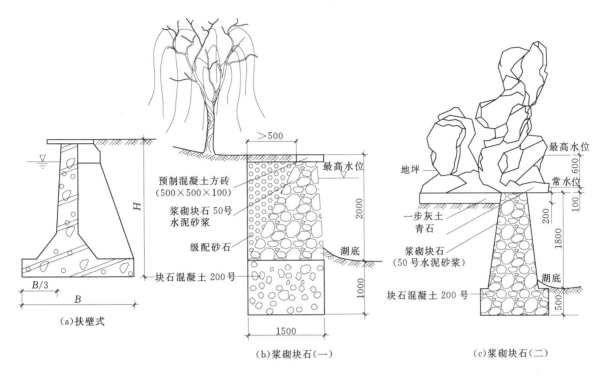

图 7-1-1 驳岸造型示意图

二、水池驳岸的绘制步骤

1. 水池总体布置图

水池总体布置图主要表示整体水池在平面布置的情况，见图 7-1-4。总体布置图以平面布置图为主，必要时配置立面图。平面布置图一般画在地形图上。为了使图形主次分明，结构上的次要轮廓线和细节部分构造均省略不画，或用图例或用示意图表示这些构造的位置和作用。图中一般只注写水池的外轮廓尺寸和主要定位尺寸，以及主要部位的高程和填挖方坡度。总体布置图的绘制比例一般为 1：200～1：500。总体布置图的内容包括：水池所在屋顶花园形的现状，各工程构筑物的相互位置、主要外形尺寸及主要高程等。

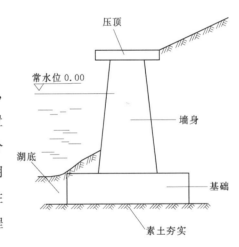

图 7-1-2 驳岸结构示意图

2. 水池驳岸结构图

水池驳岸结构图包括结构布置图、分部和细部构造图以及钢筋混凝土结构图。图绘制水池结构图必须水池驳岸的结构形状、尺寸大小、材料、内部配筋及相邻结构的连接方式等都表达清楚。结构图包括平、立剖面图、详图和配筋图，绘图比例一般为 1：5～1：100。构筑物结构图的内容包括以下几点。

(1) 绘制水池驳岸形状、尺寸，标注剖切位置，见图 7-1-5。

(2) 绘制水池驳岸结构构造图，见图 7-1-6。

(3) 绘制水池驳岸材料构成图。

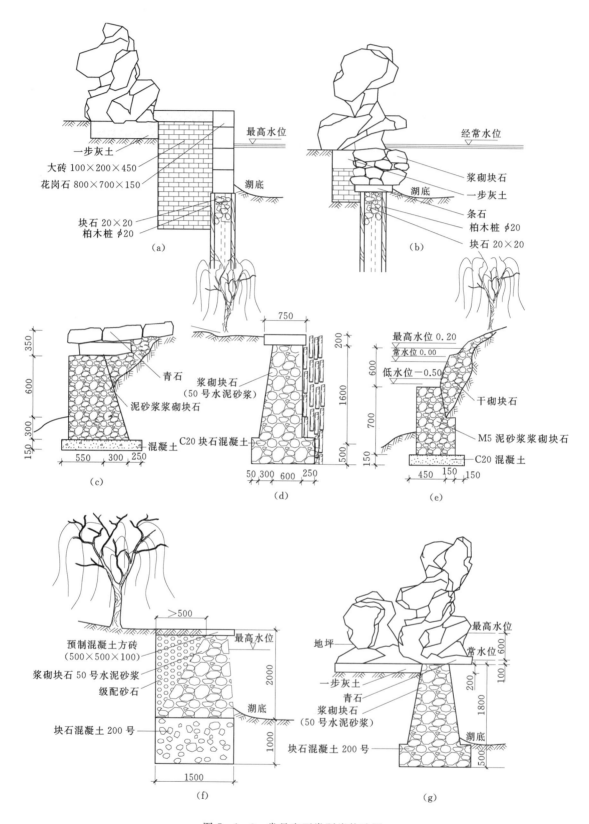

图 7-1-3　常见砌石类驳岸构造图

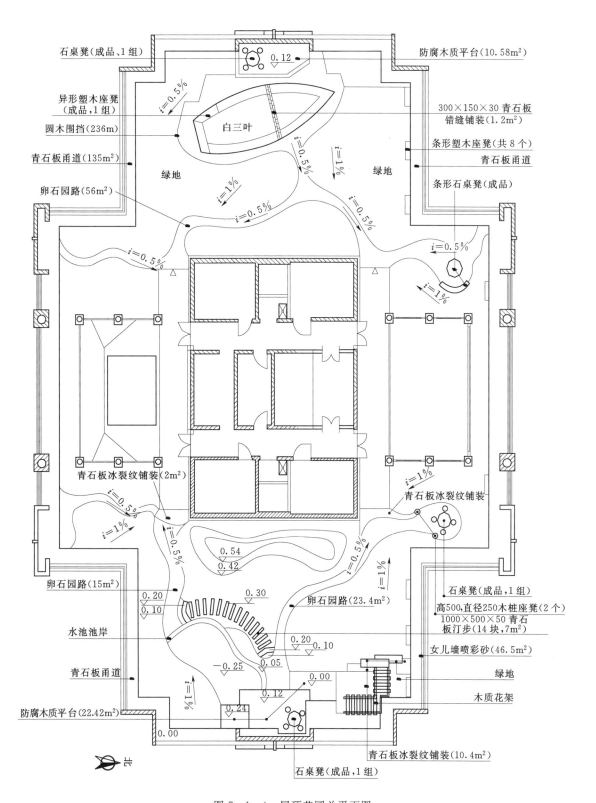

石桌凳(成品、1组)　　　　　　　防腐木质平台(10.58m²)
异形塑木座凳(成品,1组)　　　　300×150×30青石板错缝铺装(1.2m²)
圆木围挡(236m)　　白三叶　　条形塑木座凳(共8个)
青石板甬道(135m²)　　绿地　　绿地　青石板甬道
卵石园路(56m²)　　　　　　条形石桌凳(成品)
青石板冰裂纹铺装(2m²)
青石板冰裂纹铺装
卵石园路(15m²)
卵石园路(23.4m²)
水池池岸　　石桌凳(成品,1组)
高500,直径250木桩座凳(2个)
1000×500×50青石板汀步(14块,7m²)
青石板甬道　　女儿墙喷彩砂(46.5m²)
绿地
木质花架
防腐木质平台(22.42m²)
北
青石板冰裂纹铺装(10.4m²)
石桌凳(成品,1组)

图7-1-4 屋顶花园总平面图

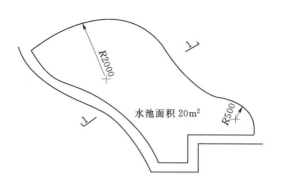

图 7-1-5　水池驳岸形状图

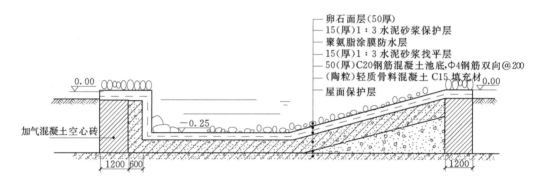

图 7-1-6　某屋顶花园水池设计施工详图

（4）对水体驳岸结构图标注。

（5）标注常水位和最高水位等。

任务二　喷水池设计工程图的绘制及相关知识

一、喷水池设计工程图的绘制

园林中的喷水池分为规则式水池和自然式水池两种。

1. 绘制喷水池总体结构示意图

喷水池总体结构由基础、防水层、池底、池壁、压顶等部分组成，如图 7-2-1 所示。喷水池的基础是水池的承重部分由灰土和混凝土组成。喷水池的防水材料种类较多，常见的有沥青类、塑料类、橡胶类等。

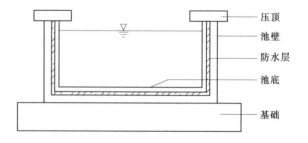

图 7-2-1　水池结构示意图

2. 绘制喷水池池底结构构造图

池底直接承受水的竖向压力，要求坚固耐久，多用钢筋混凝土池底，一般厚度大于 20cm，如果水池容量大，要配双层钢筋网，如图 7-2-2 所示。

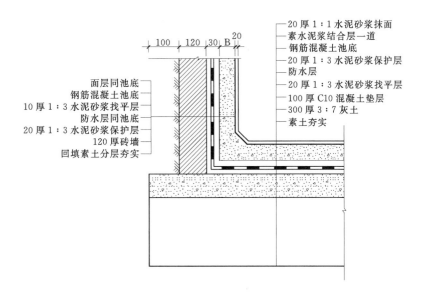

图 7-2-2 池底结构构造图

3. 绘制喷水池池壁构造图

喷水池池壁是水池的竖向部分，承受池水的水平压力，池壁一般有砖砌池壁、块石池壁和钢筋混凝土池壁三种，如图 7-2-3 所示，压顶属于池壁的最上部分，其作用为保护池壁，防止污水泥沙流入池中，同时也防止池水溅出。

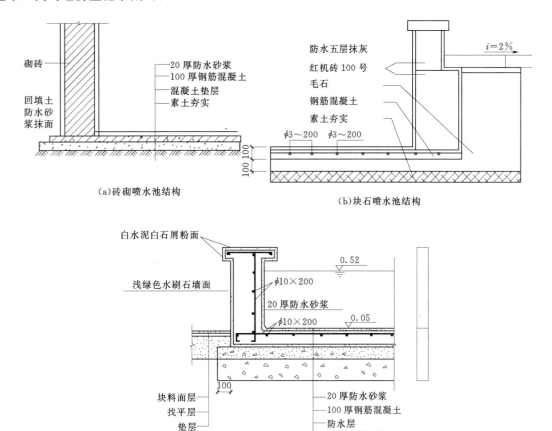

图 7-2-3 喷水池池壁（底）构造图

4.绘制喷水池其他设施构造图

完整的喷水池剖面图、管道布局平面图、供水口剖面图、泄水口剖面图、喷水系统安装示意图等，如图7-2-4、图7-2-5、图7-2-6、图7-2-7所示。

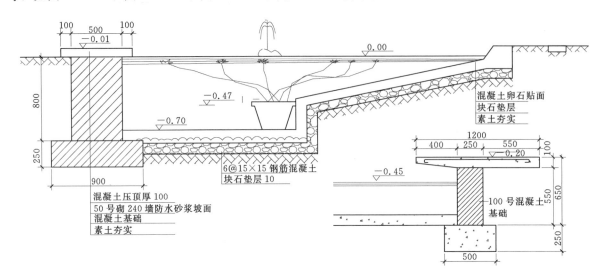

图7-2-4　喷水池剖面图

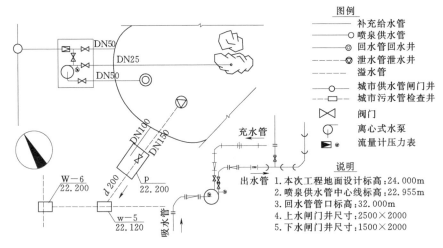

图7-2-5　喷水池管道平面图

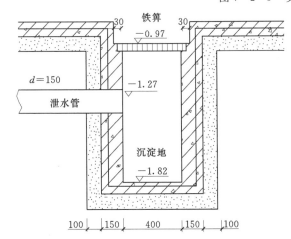

图7-2-6　泄水口剖面图（单位：mm）

二、水景工程图相关知识

（一）水景工程图的表达方法

1.视图的配置

水景工程图的基本图样仍然是平面图、立面图和剖面图。水景工程构筑物，如基础、驳岸、水闸、水池等许多部分被土层覆盖，所以剖面图和断面图应用较多。图7-2-8水闸结构图采用平面图、侧立面图和A—A剖面图来表达。平面图形对称，只画了一半。侧立面图为上游立面图和下

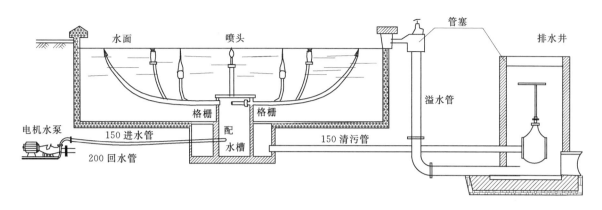

图 7-2-7 人工喷泉工作示意图

游立面图合并而成。人站在上游面向建筑物所得的视图叫做上游立面图，人站在下游面向建筑物所得的视图叫做下游立面图。为看图方便，每个视图都应在图形下方标出名称，各视图应尽量按投影关系配置。不知图形时，习惯使水流方向由左向右或自上而下。

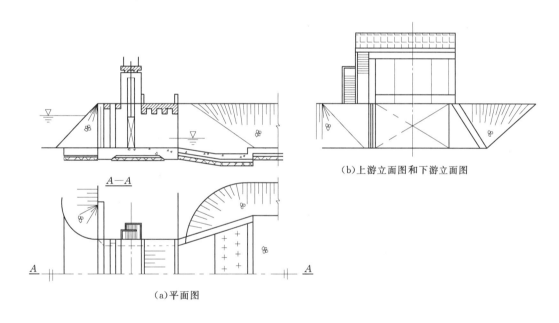

（b）上游立面图和下游立面图

（a）平面图

图 7-2-8 水闸结构图

2. 其他表示方法

（1）局部放大图。

物体的局部结构用较大比例画出的图样称为局部放大图或详图。放大的详图必须标注索引标志和详图标志。图 7-2-9 是护坡结构的局部放大图，原图上可用细实线圈表示需要放大的部位，也可采用注写名称的方法。

（2）展开剖面图。

当构筑物的轴线是曲线或折线时，可沿轴线剖开物体并向剖切面投影，然后将所得剖面图展开在一个平面上，这种剖面图称为展开剖面图，在图名后应标注"展开"二字。在图 7-2-10 中，选沿干渠中心线的圆柱面为剖切面，剖切面后的部分按法线方向向剖切面投影后再展开。

（3）分层表示法。

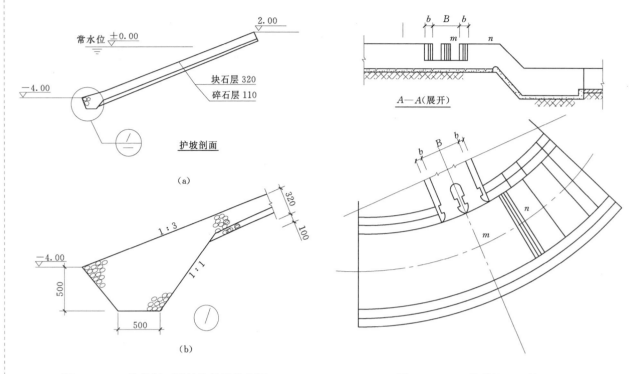

图 7 - 2 - 9　护坡剖面及结构局部放大图　　　　图 7 - 2 - 10　渠道的展开剖面图

当构筑物有几层结构时，在同一视图内可按其结构层次分层绘制。相邻层次用波浪线分界，并用文字在图形下方标注各层名称。如图 7 - 2 - 11 所示，码头的平面图采用分层表示法。

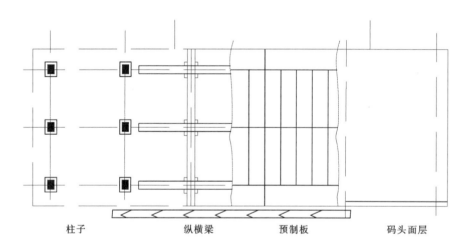

图 7 - 2 - 11　分层表示法

（4）掀土表示法。

被土层覆盖的结构，在平面图中不可见。为表示这部分结构，可假想将土层掀开后再画出视图。如图 7 - 2 - 12 是墩台的掀土表示。

（二）水景工程图的内容

水景工程图主要有总体布置和构筑物结构图。

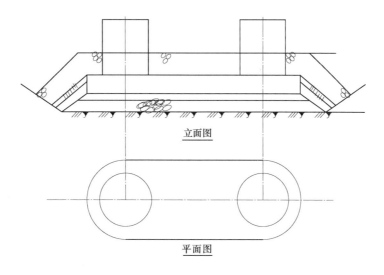

立面图

平面图

图 7 - 2 - 12 掀土表示法

1. 总体布置图

总体布置图主要表示整体水景工程各构筑物在平面和里面的布置情况。总体布置图以平面布置图为主，必要时配置立面图。平面布置图一般画在地形图上。为了使图形主次分明，结构上的次要轮廓线和细节部分构造均省略不画，或用图例或示意图表示这些构造的位置和作用。图中一般只注写构筑物的外轮廓尺寸和主要定位尺寸，主要部位的高程和填挖方坡度。总体布置图的绘制比例一般为 1：200～1：500。总体布置图的内容。

（1）工程设施所在地区的地形现状、河流及流向、水面、地理方位（指北针）等。

（2）各工程构筑物的相互位置、主要外形尺寸、主要高程。

（3）工程构筑物与地面交线、填挖方的边坡线。

2. 构筑物结构图

结构图是以水景工程中某一构筑物为对象的工程图，包括结构布置图、分部和细部构造图以及钢筋混凝土结构图。构筑物结构图必须把构筑物的结构形状、尺寸大小、材料、内部配筋以及相邻结构的连接方式等都表达清楚。结构图包括平面图、立剖面图、详图和配筋图，绘图比例一般为 1：5～1：100。

构筑物结构图的内容包括以下几点。

（1）表明工程构筑物的结构布置、形状、尺寸和材料。

（2）表明构筑物各分部和细部的构造、尺寸和材料。

（3）表明钢筋混凝土结构的配筋情况。

（4）工程地质情况及构筑物与地基的连接方式。

（5）相邻构筑物之间的连接方式。

（6）附属设备的安装位置。

（7）构筑物的工作条件，如常水位和最高水位等。

项目八

园林建筑施工图绘制

主要内容：本项目通过花架、爬山廊、六角套亭施工图的绘制，总结园林建筑平面图、立面图、结构图的绘制的方法及技巧。

教学目标：通过本项目的学习，掌握园林建筑施工图的绘图要点和读图的能力。

重要性：园林建筑在园林中造景、为游览者提供观景的视点和场所、提供休憩及活动的空间的功能，同时建筑形式多样，更能体现设计者设计的艺术价值。园林建筑施工图是建筑造型设计、建筑工程量计算、建筑施工组织、质量控制的主要依据。

学习方法：园林建筑形式多样，建筑结构复杂、建筑材料较多，通过本项目学习只能起到抛砖引玉的作用。要收集大量的园林建筑设计资料，分类整理，选择具有典型代表的设计抄绘，不断推敲，深入思考，积累经验，总结提高。

园林建筑是一种独具特点的建筑，是指在园林中供人们游览和使用的各类建筑物。它既要满足建筑的使用功能要求，又要满足园林景观的造景要求，并与园林环境密切配合，与自然融为一体。园林建筑包括：亭、台、楼、阁、廊、榭、舫、堂、殿、轩、塔、花架、园桥、游船码头、小卖部、茶室、厕所以及园林桌椅、栏杆、景墙等园林建筑小品。在园林设计图中，一般都用平面图和立面图来表现，有时根据需要也要画其透视图以及剖面图。本教学项目以亭、花架、廊等为例，介绍园林建筑施工图的内容和表达方法。

任务一　园林建筑花架施工图的绘制

一、绘制花架平面图

1. 花架平面图的内容

花架平面图用来表达花架在水平方向的各部分构造情况，主要内容概括：图名、比例、定位轴线和指北针；花架的形状、内部布置和水平尺寸；花架梁、檩、柱及其基础等构建的断面形状、结构和大小；花架的标高；剖面图的剖切位置和详图索引标志。

2. 花架平面图绘制的要求

（1）选择花架平面图绘制的比例，花架平面图一般采用 1∶50，1∶100，1∶200 的比例来绘制，在比例大与 1∶50 的平面图中宜画出材质图例，如图 8-1-1。

（2）花架平面图中，被剖切到的梁、柱、檩、基础的断面轮廓用粗实线画出。柱轮廓线都不包括粉刷层厚度，粉刷层在 1:100 的平面图中不必画出。在 1:50 或更大比例的平面图中，用实线画出粉刷层的厚度。没有剖切到的可见轮廓线，用中粗线画出。

（3）标注花架尺寸，尺寸标注除了按照国标要求标注之外，在 AutoCAD 中，一定要设置最佳的尺寸标注样式以及最佳的文字样式，进行建筑的数据、施工要求标注。

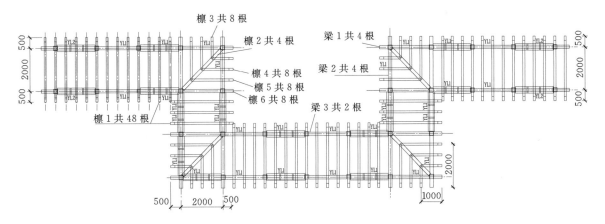

图 8-1-1　双柱花架平面图

二、绘制花架立面图

1. 花架立面图的内容

花架的立面图，是根据投影原理绘制的正投影图，相当于三面正投影图中的 V 面投影或 W 面投影。以表达花架的立体空间设计构思，由于施工的需要，只有通过剖、立面图更能清楚的显示花架构成构件及细部与水平形状之间的关系。花架的四个立面可按朝向称为东立面图、西立面图、南立面图和北立面图。也可以把花架的主要出口或反映花架外貌主要特征的立面图称为正立面图，从而确定背立面图和侧立面图。

2. 花架立面图绘制的具体要求

（1）花架立面图的比例选择，通常立面图和平面图采用相同的比例绘制。

（2）花架立面图图线的应用，把花架立面最外轮廓线画成粗线，花架装饰花格等构件用中粗实线绘制。

（3）花架立面图标高的标注。这要标注出花架各部位的标高，如图 8-1-2 所示。

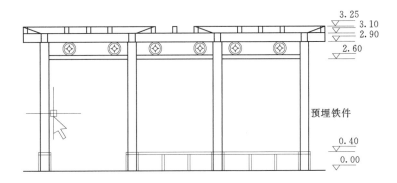

图 8-1-2　花架南立面图

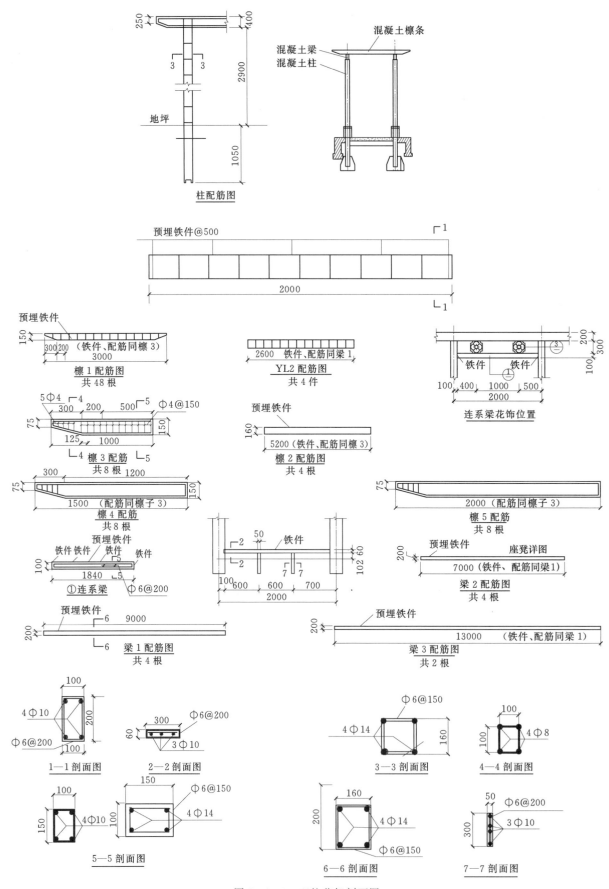

图 8-1-3 双柱花架剖面图

三、绘制花架剖面图

1. 花架剖面图的内容

若假想一个平行于投影面的剖切平面将花架剖切开，移去一部分，绘制剖切断面的正投影图，就能反映出花架的内部层次变化。剖切位置一般应选在花架内部结构有代表性的或空间变化比较复杂的部位。剖到的轮廓绘制成粗实线，如实表达花架内部结构和材料组成。剖面图用于表示垂直方向花架的各部分组合情况，主要内容概括花架梁、檩、柱剖面图，预埋构件剖面图，花架坐凳剖面图及花架其他构件剖面图等。

2. 绘制花架剖面图的步骤

（1）绘制前的准备：准备好绘图工具，做好绘图前的准备工作；根据园林绿化总平面图中的花架总体尺寸，结合比例，选择适当的图纸，进行图幅设计。

（2）按照绘图步骤，绘制花架平面图和立面图。

（3）假想剖切平面，选择在花架结构较为复杂和具有代表性的位置，并平行与投影平面，确定图8-1-3中1-1至7-7剖切平面，对花架进行剖切。对剖切平面编号，同时在花架平面图和立面图上标注。

（4）绘制剖面图，将剖切平面剖切到的位置用粗实线绘制，形成花架剖面图。

（5）在花架剖面图中，按照材料图例符号，绘制花架材料组成。

双柱花架剖面图，如图8-1-3所示。

任务二　爬山廊施工图的绘制

一、绘制爬山廊平面图

（一）爬山廊平面图的作用

爬山廊平面图可以准确表达爬山廊各构造在平面投影关系及其尺寸关系，为施工者提供设计技术资料，作为施工组织和项目建设的依据。

（二）爬山廊平面图内容及绘图要求

1. 爬山廊平面图的内容

爬山廊平面图用来表达爬山廊在水平方向的各部分构造情况，主要内容概括如下。

（1）图名、比例、定位轴线和指北针。

（2）爬山廊的形状、内部布置和水平尺寸。

（3）爬山廊柱的断面形状、结构和大小。

（4）表明爬山廊其他构造的位置。

（5）剖面图的剖切位置和详图索引标志。

2. 爬山廊平面图的要求

（1）平面图一般采用 1∶50，1∶100，1∶200 的比例来绘制。

（2）爬山廊的墙、柱的断面轮廓用粗实线画出，轮廓线都不包括粉刷层厚度。粉刷层在 1∶100 的平面图中不必画出。在 1∶50 或更大比例的平面图中，用实线画出粉刷层的厚度，窗洞、台阶等用中粗线画出。

（3）爬山廊平面图中，最后一项任务就是尺寸标注，尺寸标注除了按照国标要求标注，如图 8 - 2 - 1 所示。

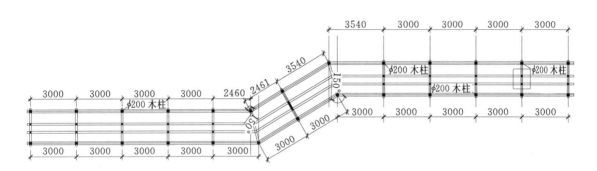

（a）爬山廊结构平面图

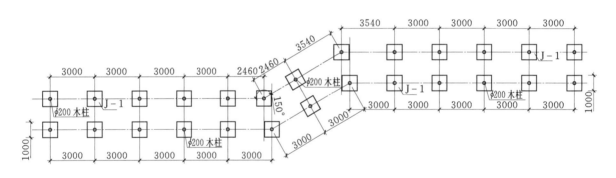

（b）爬山廊基础平面图

图 8 - 2 - 1　爬山廊平面图

二、绘制爬山廊立面图

1. 爬山廊立面图的表达内容

爬山廊的立面图，是根据投影原理绘制的正投影图，相当于三面正投影图中的 V 面投影或 W 面投影。如图 8 - 2 - 2 所示为爬山廊立面图。只有通过立面图才能更加清楚的显示垂直与水平形状之间的关系。以爬山廊的主要出口或反映爬山廊外貌主要特征的立面绘制爬山廊立面图。

2. 爬山廊立面图的具体要求

爬山廊立面图中，通常把爬山廊最外轮廓线画成粗线。爬山廊室外地坪为加粗线。门、窗、洞、台阶、等轮廓线画成中粗线。爬山廊门窗扇及其分格线、装饰花式、雨水管、墙面分格线画成细实

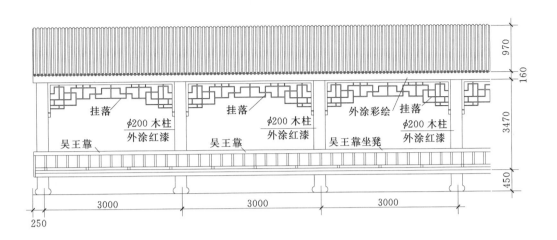

图 8-2-2　爬山廊立面图

线。立面图和平面图通常采用相同的比例绘制，所以门、窗也按规定的图例制图。

爬山廊立面图中标注主要标高，例如室内外地面、门窗洞的上下口、檐口顶面等标高。标注标高时，门窗洞上下口均不包括粉刷层，其他构件的顶面标高一般包括粉刷层（称为建筑标高），底面标高不包括粉刷层（称为结构标高）。各部分的标高宜标注在同一竖直线上。

三、绘制爬山廊剖面图

1. 爬山廊剖面图的内容

选择合适的剖切位置剖切，剖切位置一般应选在爬山廊内部结构有代表性的或空间变化比较复杂的部位，在爬山廊剖面图中，室内外地面画加粗线。其他可见轮廓，如门窗洞、楼梯栏杆、内外墙轮廓线等画成中粗线。爬山廊剖面图主要内容概括如下。

（1）表明图名、比例、定位轴线。

（2）剖到的内外墙，包括门窗过梁、圈梁、檐口及剖到的爬山廊屋顶、台阶等位置和形状。

（3）未剖到的可见部分的位置和形状。

（4）房屋内部各层的标高和垂直方向的尺寸。

（5）详图索引标志，如图 8-2-3 所示。

2. 绘制爬山廊剖面图步骤

（1）绘制前的准备：准备好绘图工具，做好绘图前的准备工作；根据园林绿化总平面图中，爬山廊的总体尺寸，结合比例，选择适当的图纸，进行图幅设计。

（2）假想剖切平面，选择在爬山廊结构较为复杂和具有代表性的位置，并平行与投影平面，确定剖切位置及剖切平面，对爬山廊进行剖切。对剖切平面编号，同时在爬山廊平面图和立面图上标注。

（3）绘制剖面图，将剖切平面剖切到的位置用粗实线绘制，形成爬山廊剖面图。

（4）在爬山廊剖面图中，按照材料图例符号，绘制爬山廊材料组成。

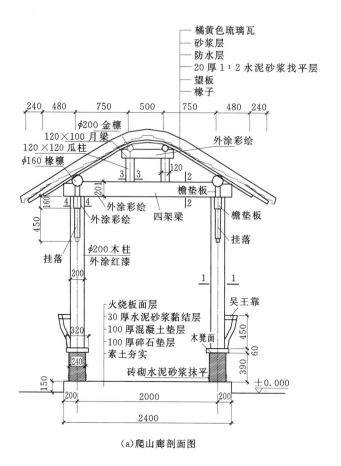

（a）爬山廊剖面图

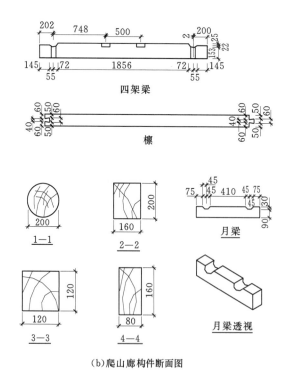

（b）爬山廊构件断面图

图8-2-3 爬山廊剖面图

任务三　六角套亭施工图的绘制

一、绘制六角套亭平面图

1. 亭子平面图的内容

亭平面图用来表达爬山廊在水平方向的各部分构造情况，主要内容概括如下。

（1）图名、比例、定位轴线和指北针。

（2）六角套亭屋顶的形状、内部布置和水平尺寸。

（3）六角套亭的形状、结构和大小。

（4）表明六角套亭其他构造的位置。

（5）六角套亭剖面图的剖切位置和详图索引标志。

2. 六角套亭平面图的要求

（1）平面图一般采用 1∶50，1∶100，1∶200 的比例来绘制。

（2）六角套亭外轮廓用粗实线画出，轮廓线都不包括粉刷层厚度。粉刷层在 1∶100 的平面图中不必画出。在 1∶50 或更大比例的平面图中，用实线画出粉刷层的厚度。其他构件用中粗线画出。

（3）六角套亭平面图中，最后一项任务就是尺寸标注，尺寸标注按照国标要求标注。如图 8-3-1 所示。

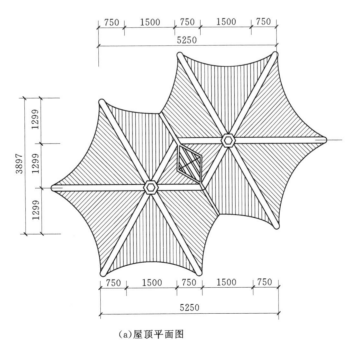

（a）屋顶平面图

图 8-3-1（一）　六角套亭平面图

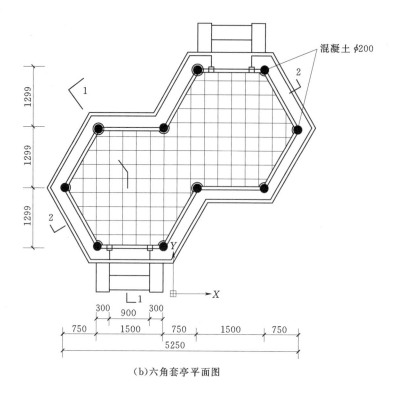

（b）六角套亭平面图

图 8-3-1（二）　六角套亭平面图

二、六角套亭立面图

1. 六角套亭立面图的内容

六角套亭的立面图，是根据投影原理绘制的正投影图，相当于三面正投影图中的 V 面投影或 W 面投影。六角套亭立面图用于表达六角套亭的外形和装饰，主要内容概括如下。

（1）表明图名、比例、两端的定位轴线。

（2）六角套亭的外形以及其他构件的位置和形状。

（3）标高和必需的局部尺寸。

（4）六角套亭装饰的材料和做法。

（5）详图索引符号。

2. 园林建筑立面图的具体要求

六角套亭立面图中，通常把建筑立面最外轮廓线画成粗线。其他构件用中粗实线或细实线绘制。六角套亭立面图一般只标注主要标高，檐口顶面、雨篷、底面等标高，如图 8-3-2 所示。

三、六角套亭剖面图

1. 六角套亭剖面图的内容及要求

选择合适的剖切位置剖切，剖切位置一般应选在六角套亭内部结构有代表性的或空间变化比较复杂的部位，在六角套亭剖面图中，室内外地面加画粗线。其他可见轮廓画成中粗线。六角套亭剖面图主要内容概括如下。

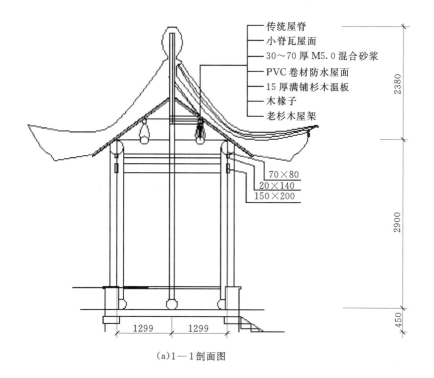

- 传统屋脊
- 小脊瓦屋面
- 30～70厚M5.0混合砂浆
- PVC卷材防水屋面
- 15厚满铺杉木温板
- 木椽子
- 老杉木屋架

70×80
20×140
150×200

2380

2900

450

1299　1299

(a)1—1剖面图

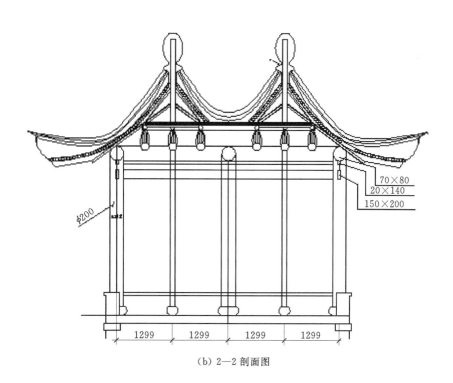

φ200

70×80
20×140
150×200

1299　1299　1299　1299

(b) 2—2剖面图

图8-3-2（一）　六角套亭立面图

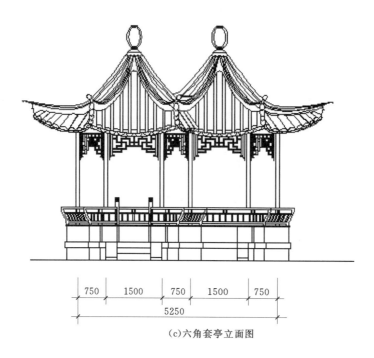

(c)六角套亭立面图

图 8-3-2（二）　六角套亭立面图

（1）表明图名、比例、定位轴线。

（2）剖切到的柱、梁、檐口及屋顶等位置和形状。

（3）未剖切到的可见部分的位置和形状。

（4）六角套亭内部各层的标高和垂直方向的尺寸。

（5）详图索引标志，如图 8-3-3 所示。

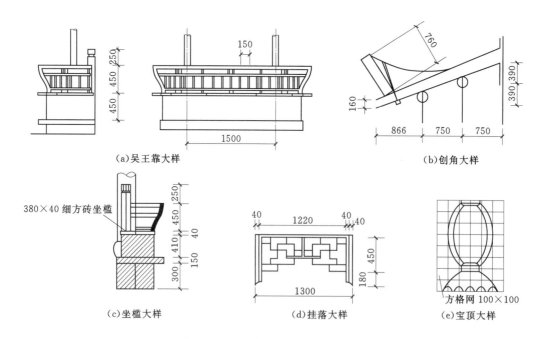

(a)吴王靠大样　　　　　　　　　　　　　　　　　　(b)刨角大样

(c)坐槛大样　　　　　　(d)挂落大样　　　　　　(e)宝顶大样

图 8-3-3　六角套亭部分构件大样图

2. 绘制六角套亭剖面图的步骤

（1）绘制前的准备：准备好绘图工具，做好绘图前的准备工作；根据园林绿化总平面图中，六角套亭的总体尺寸，结合比例，选择适当的图纸，进行图幅设计。

（2）假想剖切平面，选择在六角套亭结构较为复杂和具有代表性的位置，并平行与投影平面，确定剖切位置及剖切平面，对六角套亭进行剖切。对剖切平面编号，同时在六角套亭平面图和立面图上标注。

（3）绘制剖面图，将剖切平面剖切到的位置用粗实线绘制，形成六角套亭剖面图。

（4）在六角套亭剖面图中，按照材料图例符号，绘制爬山廊材料组成。

（5）标注六角套亭剖面图的尺寸。

任务四　园林建筑施工图绘制的总体技能

一、园林建筑平面图

（一）园林建筑平面图的形成及作用

园林建筑平面图，是指经水平剖切平面，沿建筑窗台以上部位（对于没有门窗的建筑，则沿支撑柱的部位）剖切后，画出的水平投影图。当图纸比例较小，或坡屋顶或曲面屋顶的建筑时，通常也可只画出其水平投影图（即屋顶平面图）。

建造园林建筑要经过两个过程：一是设计；二是施工。设计过程就是将设计者的设计意图用图形图表以及文字的形式表达出来，供施工者使用，以此作为施工的依据，如图8-4-1所示为蘑菇亭平面图，如图8-4-2所示为景墙月洞方亭平面图。

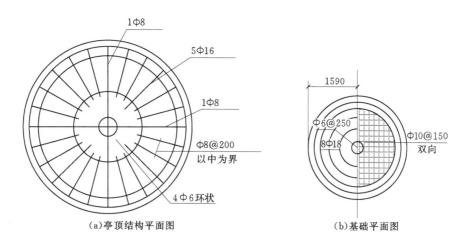

图8-4-1　蘑菇亭平面图（单位：mm）

（二）园林建筑平面图内容及绘图要求

1. 园林建筑平面图的内容

园林建筑平面图用来表达园林建筑在水平方向的各部分构造情况，主要内容概括如下。

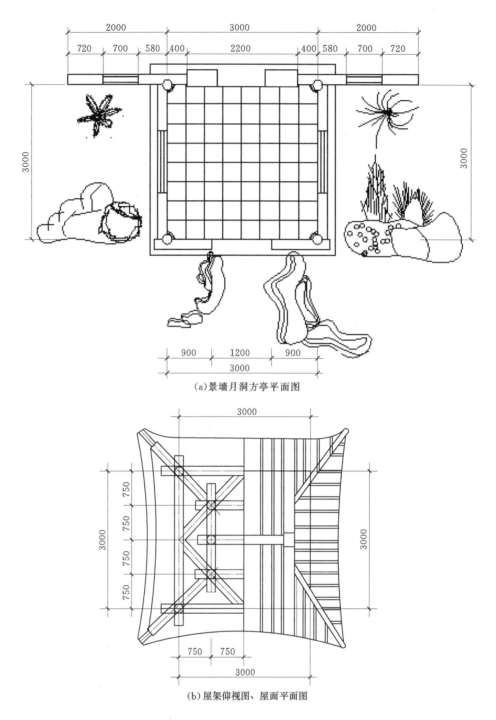

(a)景墙月洞方亭平面图

(b)屋架仰视图、屋面平面图

图8-4-2 景墙月洞方亭平面图（单位：mm）

（1）图名、比例、定位轴线和指北针。

（2）建筑的形状、内部布置和水平尺寸。

（3）墙柱的断面形状、结构和大小。

（4）门窗的位置、编号、门的开启方向。

（5）楼梯梯段的形状、梯段的走向和级数。

（6）表明有关设备的位置，如卫生设备、台阶、雨篷、水管等。

（7）地面、露面、楼梯平台面的标高。

（8）剖面图的剖切位置和详图索引标志。

2. 园林建筑平面图的要求

园林建筑平面图中，被剖切到的墙、柱的断面轮廓用粗实线画出。墙柱轮廓线都不包括粉刷层厚度，粉刷层在 1 : 100 的平面图中不必画出。在 1 : 50 或更大比例的平面图中，用实线画出粉刷层的厚度。没有剖切到的可见轮廓线，如窗洞、台阶、花台、楼梯等用中粗线画出。

平面图一般采用 1 : 50，1 : 100，1 : 200 的比例来绘制。比例不大于 1 : 100 时，剖到的砖墙一般不画材质图例或在透明描图纸的背面涂红表示，剖到钢筋混凝土构件涂黑表示。在比例大于 1 : 50 的平面图中宜画出材质图例。

凡是承重墙、柱子等主要承重构件都应画上定位轴线以确定其位置，定位轴线是施工定位、放线的重要依据。定位轴线用细点划线表示，并予编号。轴线的端部画细实线圆圈（直径 8～10mm），编号写在圆圈内。水平方向用阿拉伯字母从左向右依次注写；竖直方向用大写拉丁字母自上而下顺序注写，其中 I、O、Z 三个字母不得用于编号。定位轴线宜标注在图形的下方和左侧。

园林建筑平面图中，最后一项任务就是尺寸标注，尺寸标注除了按照国标要求标注之外，在 AutoCAD 中，一定要设置最佳的尺寸标注样式以及最佳的文字样式，进行建筑的数据、施工要求标注。

二、园林建筑立面图

1. 园林建筑立面图的表达内容

园林建筑的立面图，是根据投影原理绘制的正投影图，相当于三面正投影图中的 V 面投影或 W 面投影。如图 8-4-3 至图 8-4-8 为部分园林建筑的立面图。准确表达了设计构思，同时也表达园林建筑的立体空间。建筑的立面可按朝向称为东立面图、西立面图、南立面图和北立面图。也可以把园林建筑的主要出口或反映房屋外貌主要特征的立面图称为正立面图，从而确定背立面图和侧立面图。

建筑立面图用于表达房屋的外形和装饰，主要内容概括如下。

（1）表明图名、比例、两端的定位轴线。

（2）房屋的外形以及门窗、台阶、雨篷、阳台、雨水管等位置和形状。

（3）标高和必需的局部尺寸。

（4）外墙装饰的材料和做法。

（5）详图索引符号。

2. 园林建筑立面图的具体要求

立面图中，通常把建筑立面最外轮廓线画成粗线。室外地坪为加粗线。凸出的雨篷、阳台，以及门窗洞、台阶、花台等轮廓线画成中粗线。门窗扇及其分格线、装饰花式、雨水管、墙面分格线画成细实线。立面图和平面图通常采用相同的比例绘制，所以门、窗也按规定的图例绘制。

立面图一般只标注主要标高，例如室内外地面、门窗洞的上下口、檐口顶面、雨篷和阳台的底面等标高。标注标高时，门窗洞上下口均不包括粉刷层，其他构件的顶面标高一般包括粉刷层（称为建筑标高），底面标高不包括粉刷层（称为结构标高）。各部分的标高宜标注在同一竖直线上。

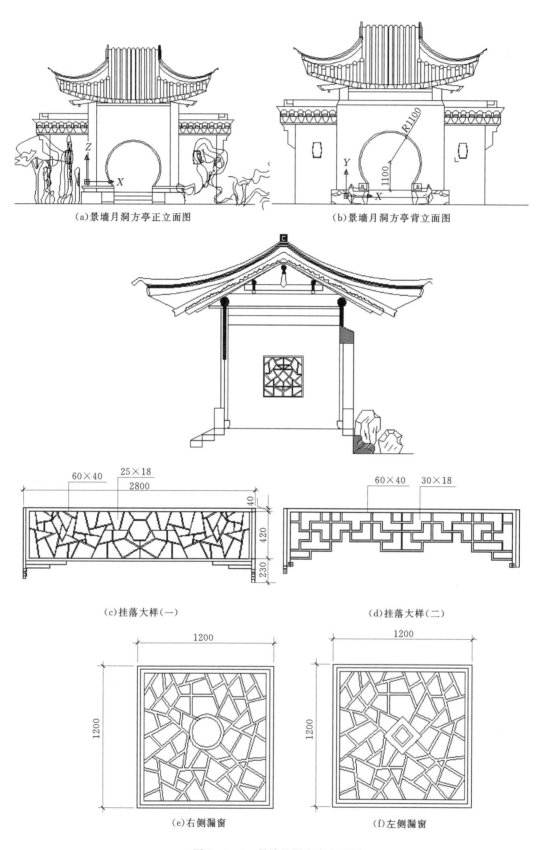

(a)景墙月洞方亭正立面图　　　　　　　　(b)景墙月洞方亭背立面图

(c)挂落大样(一)　　　　　　　　(d)挂落大样(二)

(e)右侧漏窗　　　　　　　　(f)左侧漏窗

图8-4-3　景墙月洞方亭立面图

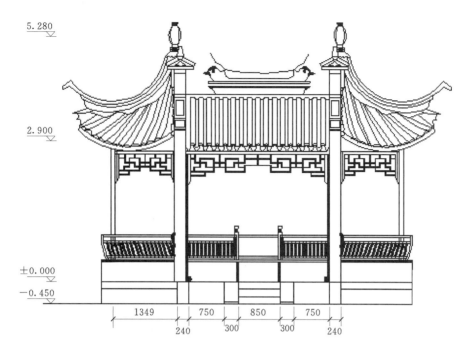

图 8-4-4　六角组合亭立面图

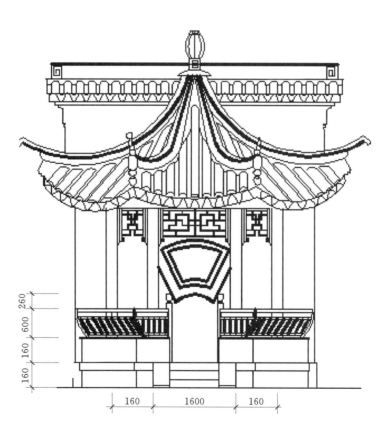

图 8-4-5　六角组合亭侧立面图

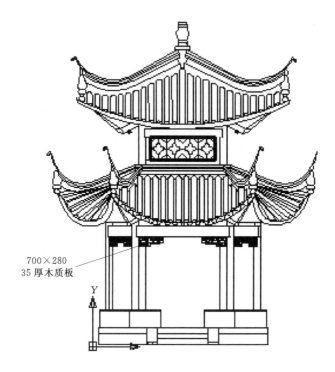

700×280
35厚木质板

Y

图 8-4-6 八角四方重檐亭立面图

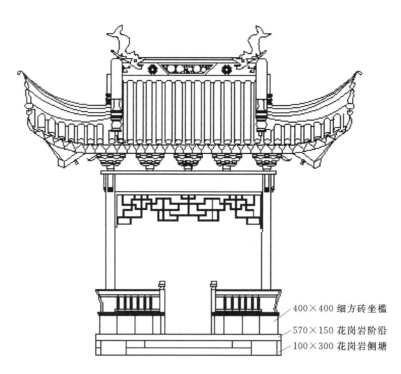

400×400 细方砖坐槛

570×150 花岗岩阶沿

100×300 花岗岩侧塘

图 8-4-7 歇山方亭立面图

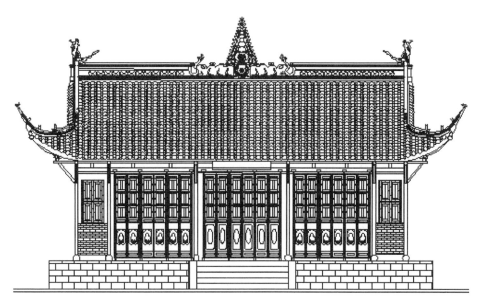

图 8-4-8 殿阁立面图

三、园林建筑剖面图

1. 园林建筑剖面图的内容

剖面图用于表示垂直方向建筑物的各部分组合情况，主要内容概括如下。

（1）表明图名、比例、外墙定位轴线。

（2）剖到的内外墙，包括门窗过梁、圈梁、檐口及剖到的楼板层、屋顶、楼梯、台阶等位置和形状。

（3）未剖到的可见部分的位置和形状。

（4）房屋内部各层的标高和垂直方向的尺寸。

（5）详图索引标志。

2. 园林建筑剖面图的要求

若选择一个平行于建筑侧面的铅垂面将建筑物剖切开，移去一部分，绘制剩余部分剖切断面的正投影图就能反映建筑物的内部层次变化及建筑物内部材料的组成，该图称为建筑物的剖面图，如图8-4-9所示。剖切位置一般应选在内部结构有代表性的或空间变化比较复杂的部位，且剖面位置根据需要可以转折1次。在建筑剖面图中，室内外地面画加粗先。楼板层和屋顶层在1:100的剖面图中可只画两条粗实线。剖到的墙身轮廓也用粗实线。在1:50的剖面图中，墙身另加绘细实线表示粉刷层的厚度，并在结构层上方加画一条中粗线作为面层线，例如楼地面的面层。其他可见轮廓，如门窗洞、楼梯栏杆、内外墙轮廓线、脚踢线等画成中粗线。门窗扇及其分格线等用细实线，如图8-4-10所示。

剖面图一般只标注到部分的尺寸，外墙尺寸一般标三道。第一道尺寸为门窗洞和洞间墙的高度尺寸。第二道尺寸是层高尺寸，一般标注室内外地面，底层地面到二层楼面，各层楼面到上一层楼面，顶层楼面到屋顶檐口的高度。第三道尺寸为室外地面以上的总高尺寸。此外还应标注某些局部尺寸，例如内墙上的门窗高度。剖面图还须标明室内外地面、楼面、楼梯平台面、檐口顶面等建筑标高

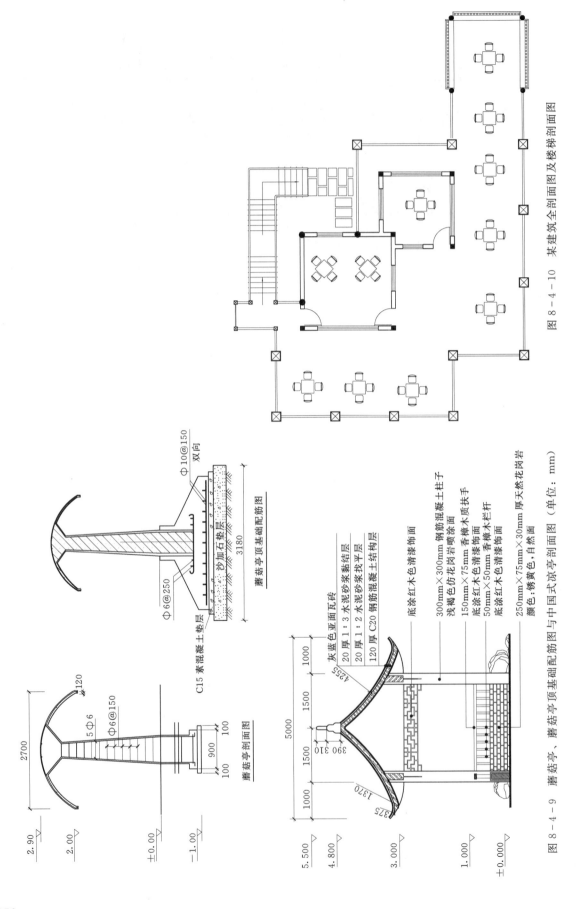

图 8 - 4 - 10　某建筑全剖面图及楼梯剖面图

磨菇亭顶基础配筋图

Φ10@150
双向

沙加石垫层

C15 素混凝土垫层

Φ6@250

磨菇亭剖面图

5Φ6
Φ6@150

厚120

2700

2.90
2.00
±0.00
-1.00

100
900
100

灰蓝色亚面瓦砖
20 厚 1：3 水泥砂浆黏结层
20 厚 1：2 水泥砂浆找平层
120 厚 C20 钢筋混凝土结构层

底涂红木色清漆饰面

300mm×300mm 钢筋混凝土柱子
浅褐色仿花岗岩喷涂面
150mm×75mm 香樟木质扶手
底涂红木色清漆饰面
50mm×50mm 香樟木栏杆
底涂红木色清漆饰面
250mm×75mm×30mm 厚天然花岗岩
颜色：锈黄色，自然面

5.500
4.800
3.000
1.000
±0.000

1000
4235
1500
1500
390 310
1370
1000
5000

图 8 - 4 - 9　磨菇亭、磨菇亭顶基础配筋图与中国式凉亭剖面图（单位：mm）

和某些梁，例如门窗过梁、圈梁、楼梯平台梁的底面的结构标高。

任务五　建筑结构施工图的绘制

园林建筑施工图除了建筑施工图所表达的园林建筑的造型、平面布置、建筑构造与装修内容外，还应按建筑各方面的要求进行力学与结构计算，决定房屋承重构件（如基础、梁、板、柱等）的具体形状、大小、所用材料、内部构造以及结构造型与构件布置等，并将其结果绘制成图样，用以指导施工，这种图样称为建筑结构施工图，简称"结施"。以钢筋混凝土结构图为例。

一、任务分析

混凝土是由水泥、砂、石和水按照一定的比例搅拌而成。其形成的园林建筑构件有较强的抗压强度，但抗拉强度较低，因而常在构建的受拉区内配置钢筋，成为钢筋混凝土构件。这是园林建筑结构构造最常用的材料，因此在园林施工设计阶段，必须详细绘制它们的结构详图。

钢筋的分类与作用：配置在钢筋混凝土构件中的钢筋，按其受力和作用的不同可分为承受拉、压应力的钢筋，这称为受力筋。它又分为直筋和弯筋两种，用以固定梁内受力钢筋和钢箍的位置，构成梁内钢筋骨架的架力筋；用以固定受力钢筋的位置，并且承受部分斜拉应力的钢箍（箍筋）。若用于板内，则与板内受力筋垂直固定，形成整体受力的分布筋。因构件构造要求或施工安装需要，常还需配置构造筋，如预埋在构件中的锚固筋、吊环等，见图 8-5-1 所示。当受力筋采用光面钢筋时，为增强钢筋与混凝土的黏结力，通常把钢筋两端做成弯钩，如图 8-5-2 所示。

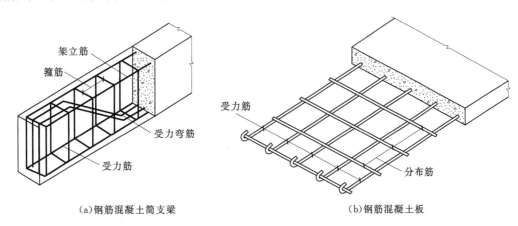

（a）钢筋混凝土简支梁　　　　　　　（b）钢筋混凝土板

图 8-5-1　钢筋混凝土梁、板配筋示意图

二、钢筋混凝土结构图绘制方法

1. 钢筋混凝土结构配筋图

配筋图主要表示构件内部各种钢筋的形状、大小、数量、级别和排放位置。配筋图又分为立面图、断面图和钢筋详图。

如图 8-5-3 所示，钢筋混凝土简支梁配筋立面图和断面图分别表明简支梁的长为 2420mm，宽

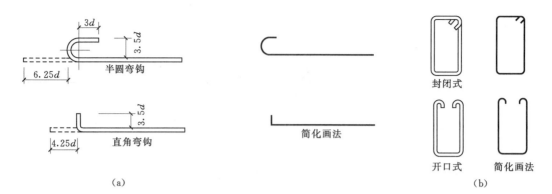

图 8 - 5 - 2　钢筋的弯钩

为 200mm、高 250mm。两端搭入墙内，其左端搭入墙内 240mm，右端搭入墙内 320mm。梁的下部配置了两根受力钢筋，其编号为 ① 直径 16mm。两根编号为 ② 的架立筋配置在梁的上部，直径 12mm。③ 钢筋是钢箍，直径 6mm 、间距 200mm（@是钢箍间距符号）。

　　钢筋详图表明了钢筋的形状、编号、根数、等级、直径、各段长度和总长度等。例如：②钢筋两端带弯钩，其上标注的 2370mm 是指梁的长度（2420mm），减去两端保护层的厚度（2×25mm），钢筋的下料长度 $l=2520$mm（包括两端弯钩长度）。①钢筋总长 $l=2370$mm。钢筋尺寸按钢筋的内皮尺寸计算。

　　（1）立面图。

　　配筋立面图是假定构件为一透明体而画出的一个纵向正投影图。它主要表示构件内钢筋的立面形状及其上下排列位置。构件轮廓线用细实线表示，钢筋用粗实线表示。当钢筋的类型、直径、间距均相同时，可只画出其中的一部分，其余可省略不画，如图 8 - 5 - 3 所示。

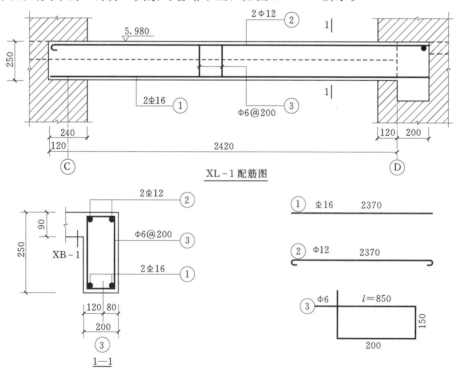

图 8 - 5 - 3　钢筋混凝土简支梁配筋图（单位：mm）

（2）断面图。

配筋断面图是构件的横向剖切投影图。它主要表示构件内钢筋的上下和前后配置情况以及钢箍的形状等内容。一般在构件断面形状或钢筋数量、位置有变化之处，均应画一断面图。构件断面轮廓线用细实线表示，钢筋横断面用黑点表示。

（3）钢筋详图。

钢筋详图是按《建筑结构制图标准》规定的图例画出的一种示意图。它能表示钢筋的形状，并便于施工和编制预算。同一编号的钢筋只画一根，并详细注出钢筋的编号、直径、级别、数量（或间距）及各段长度与总长度。注写长度时，可不画尺寸线和尺寸界线，而直接注写尺寸数字。结构施工图中常见的钢筋图例见表8-5-1。

表8-5-1　　　　　　　　　　钢筋图例（GBJ 105—87）

名　称	图　例	说　明
钢筋横断面	●	
无弯钩的钢筋端部		下图表示长短钢筋投影重叠时，可以短钢筋的端部用45°短划线表示
预应力钢筋横断面	＋	
预应力钢筋或钢绞线		用粗双点划线
无弯钩的钢筋搭接		
带半圆形弯钩的钢筋端部		
带半圆弯钩的钢筋搭接		
带直弯钩的钢筋端部		
带直弯钩的钢筋搭接		
带丝扣的钢筋端部		
接触对焊（闪光焊）的钢筋接头		
单面焊接的钢筋接头		
双面焊接的钢筋接头		
焊接网	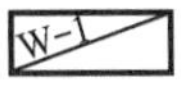 W-1	一张网平面图

（4）钢筋编号。

在钢筋立面图和断面图中，均应标注出相一致的编号，其作用是标明钢筋数量、直径、级别、长度等。钢筋编号用阿拉伯数字注写在直径为6mm的细实线圆内，并用指引线指向相应的钢筋。钢筋标注内容均应注写在指引线的水平线段上。

如图8-5-4所示，是现浇钢筋混凝土板的配筋详图，它由平面图、剖面图和钢筋详图组成。在配筋平面图和剖面图中，除表示出板的外形外，还应画出板下面墙的轮廓及位置。墙身可见轮廓线用细实线表示，不可见墙身轮廓线用细虚线表示。钢筋混凝土板按其受力不同，可分为单向受力板和双向受力板。单向受力板中的受力筋配置在分布筋的下侧，双向受力板两个方向的钢筋都是受力筋，但与板短边平行的钢筋配置在下侧。如果现浇板中的钢筋是均匀配置的，那么同一形状的钢筋可只画其中的一根。钢筋详图即可以用重合法表示在板的平面图之内，也允许画在平面图之外。

图8-5-4所示钢筋混凝土现浇板为双向受力板，其长为7200mm、宽为6050mm、厚为90mm。钢筋形状、直径、级别、间距、长度等内容都已表明在图中，这里不再叙述。

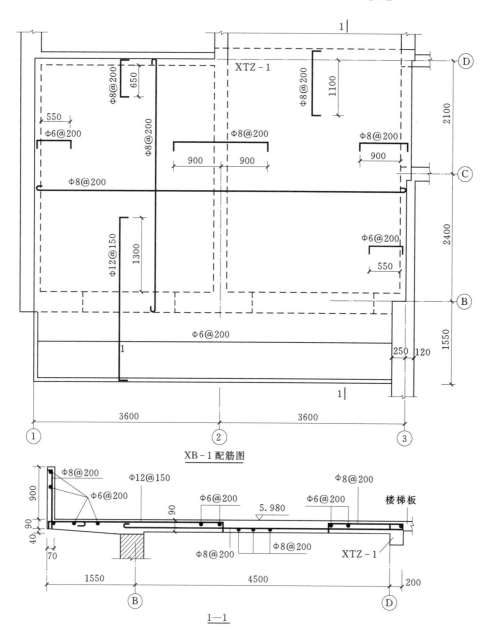

图8-5-4 现浇钢筋混凝土板的配筋详图（单位：mm）

2. 预埋件详图

在浇筑钢筋混凝土构件时，可能需要配置一些预埋件，如吊环、钢板等。预埋件详图可用正投影图或轴测图表示。如图8-5-5所示是单层工业厂房BZ—11钢筋混凝土边柱的模板、配筋图，它选自《全国通用工业厂房结构构件标准图集（CG335）》。由于BZ—11钢筋混凝土边柱的外形、配筋、预埋件比较复杂，因此，除了画出其配筋图外，还画出了柱的模板图、预埋件详图和钢筋表。模板图

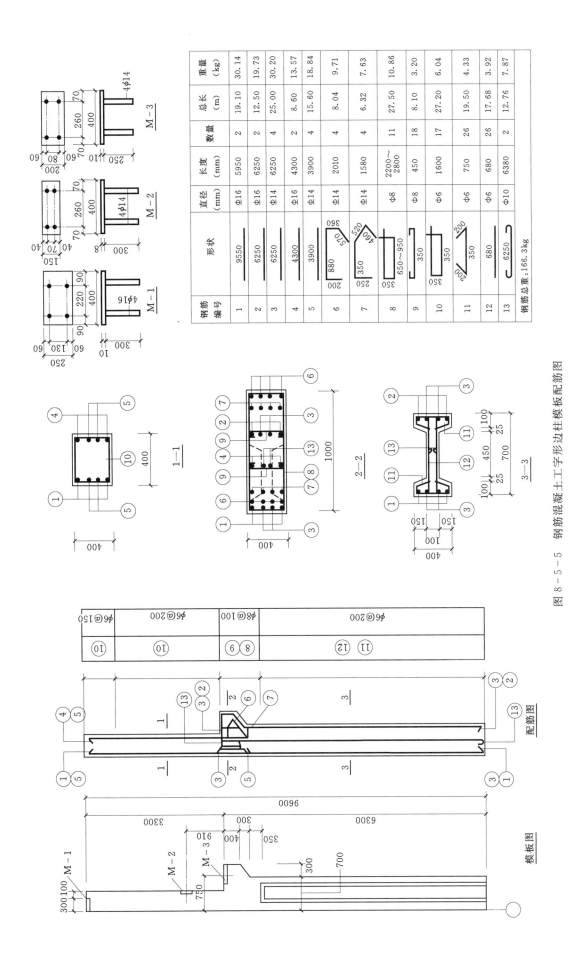

图 8 - 5 - 5　钢筋混凝土工字形边柱模板配筋图

钢筋编号	形状	直径(mm)	长度(mm)	数量	总长(m)	重量(kg)
1	9550	Φ16	5950	2	19.10	30.14
2	6250	Φ16	6250	2	12.50	19.73
3	6250	Φ14	6250	4	25.00	30.20
4	4300	Φ16	4300	2	8.60	13.57
5	3900	Φ14	3900	4	15.60	18.84
6		Φ14	2010	4	8.04	9.71
7		Φ14	1580	4	6.32	7.63
8		Φ8	2200~2800	11	27.50	10.86
9		Φ8	450	18	8.10	3.20
10		Φ6	1600	17	27.20	6.04
11		Φ6	750	26	19.50	4.33
12		Φ6	680	26	17.68	3.92
13	6250	Φ10	6380	2	12.76	7.87

钢筋总重:166.3kg

⑩	φ6@150
⑩	φ6@200
⑥⑧	φ8@100
⑪⑫	φ6@200

配筋图

模板图

161

表明该柱总高为9600mm分为上柱和下柱两部分，上柱高3300mm、下柱高6300mm。配合断面图可以看出上柱断面为正方形实心柱，尺寸为400mm×400mm；下柱断面为700mm×400mm的工字形柱，下柱的上端凸出的牛腿，用以支承吊车梁，牛腿断面2—2为矩形，其尺寸为400mm×1000mm。配筋图以立面图为主，再配合三个断面图，便可表示配筋情况。从图中可以看到上柱受力筋为①、④、⑤钢筋，下柱的受力筋为①、②、③钢筋。3—3断面图表明下柱腹板内又加配两根编号为⑩的钢筋，钢箍为@、⑩钢筋。由1—1断面图可知，⑩筋为上柱钢箍；由2—2断面图可知，牛腿柱中的配筋为⑥、⑦钢筋，其形状可由钢筋表中查得。⑧钢筋为牛腿中的钢箍，其尺寸随牛腿断面变化而改变，⑨钢筋是单肢钢箍，在牛腿中用于固定受力钢筋②、③、④和⑩的位置。M—1是柱与屋架焊接的预埋件，它们的形状已在详图中表明。在钢筋明细表中列出了各种钢筋的编号、形状、级别、直径、根数、长度和重量。

3. 钢筋明细表

在钢筋混凝土构件配筋图中，如果构件比较简单，可不画钢筋详图，而只列一钢筋明细表，供施工备料和编制预算使用。在钢筋明细表中，要标明钢筋的编号、简图、直径、级别、长度、根数、总长和总重等内容。其中钢筋简图可按钢筋近似形状画出，并注写每段长度。

4. 构件代号和标准图集

（1）构件代号。

园林建筑工程中所使用的钢筋混凝土构件种类繁多，而且布置复杂。为使构件区分清楚，便于设计与施工，在《建筑结构制图标准》中已将各种构件的代号作了具体规定，常用构件代号见表8—5—2。

表8—5—2　　　　　　　　　　常用构件代码（GBJ 105—87）

名　称	代　号	名　称	代　号
板	B	屋架	WJ
屋面板	WB	托架	TJ
空心板	KB	天窗架	CJ
槽形板	CB	框架	KJ
折板	ZB	刚架	GJ
密肋板	MB	支架	ZJ
楼梯板	TB	柱	Z
盖板或沟盖板	GB	基柱	J
挡雨板或檐口板	YB	设备基础	SJ
吊车安全走道板	DB	桩	ZH
墙板	QB	柱间支撑	Z
天沟板	TGB	垂直支撑	CC
梁	L	水平支撑	SC
屋面梁	WL	梯	T
吊车梁	DL	雨篷	YP
圈梁	QL	阳台	YT
过梁	GL	梁垫	LD
连系梁	LL	预埋件	M
基础梁	JL	天窗端壁	TD
楼梯梁	TL	钢筋网	W
檩条	LT	钢筋骨架	G

注　预应力钢筋混凝土构件的代号，应在上列构件代号前加"Y"。

（2）构件标准图集。

为使钢筋混凝土构件系列化、标准化，便于工业化生产，国家及各省、市都编制了定型构件标准图集。绘制施工图时，凡选用定型构件，可直接引用标准图集，而不必绘制构件施工图。在生产构件时，可根据构件的编号查出标准图直接制作。

构件标准图集分为全国通用和各省、市内通用两类。使用标准图集时，应熟悉标准图集的编号，以及标准图中构件代号和标记的含义。

附　　录

附表 1　中华人民共和国行业标准《风景园林图例图示标准》（CJJ—67—95）植物部分

序号	名　　称	图　　例	说　　明
1	落叶阔叶乔木		
2	常绿阔叶乔木	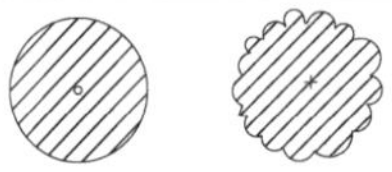	
3	落叶针叶乔木	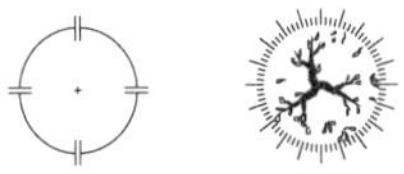	
4	常绿针叶乔木	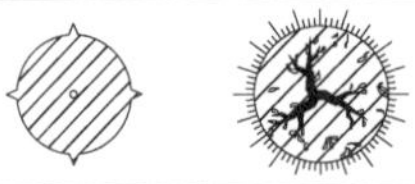	
5	落叶灌木		
6	常绿灌木	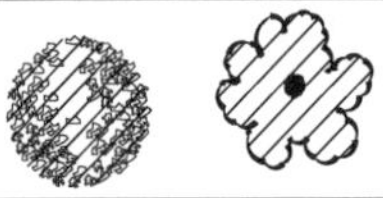	
7	阔叶乔木疏林		1～14 中：落叶乔、灌木均不填斜线；长绿乔、灌木加画 45°细斜线。阔叶树的外围线用弧裂形或圆形线；针叶树的外围线用锯齿形或斜刺形线。乔木外形成圆形；灌木外形成不规则形乔木图例中粗线小圆表示现有乔木，细小十字表示设计乔木。灌木图例中黑点表示种植位置。凡大片树林可省略图例中的小圆、小十字及黑点
8	针叶乔木疏林	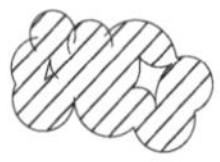	
9	阔叶乔木密林		
10	针叶乔木密林	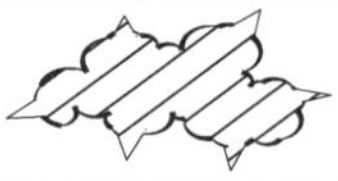	
11	落叶灌木疏林		
12	落叶花灌木疏林		
13	常绿灌木密林		
14	常绿花灌木密林	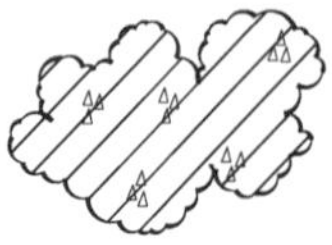	

序号	名　称	图　例	说　明
15	自然形绿篱		
16	整形绿篱		
17	镶边植物		
18	一、二年生草本花卉		
19	多年生及宿根草本花卉		
20	一般草皮		
21	缀花草皮		
22	整形树木		
23	竹丛		
24	棕榈植物		
25	仙人掌植物		
26	藤本植物		
27	水生植物		

续表

序号	名　称	图　例	说　明
树　干　形　态			
1	主轴干侧分枝形		
2	主轴干无分枝形		
3	无主轴干多枝形		
4	无主轴干垂枝形		
5	无主轴干丛生形		
6	无主轴干匍匐形		
树　冠　形　态			
1	圆锥形		
2	椭圆形		

续表

序号	名　称	图　例	说　明
3	圆球形		
4	垂直形		
5	伞形		
6	匍匐形		

附表 2　中华人民共和国行业标准《风景园林图例图示标准》（CJJ—67—95）山石部分

序号	名　称	图　例	说　明
1	自然山石假山	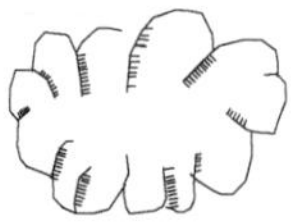	
2	人工塑石假山		
3	土石假山	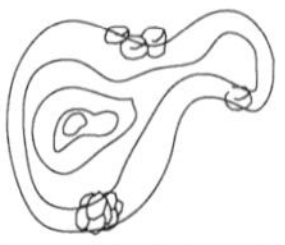	包括"土包石"、"石包土"及土假山
4	独立景石		

附表 3 中华人民共和国行业标准《风景园林图例图示标准》（CJJ—67—95）水体部分

序号	名　称	图　例	说　明
1	自然式水体		
2	规则式水体	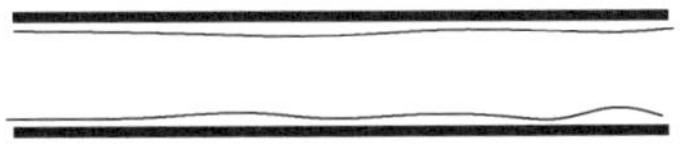	
3	跌水、瀑布	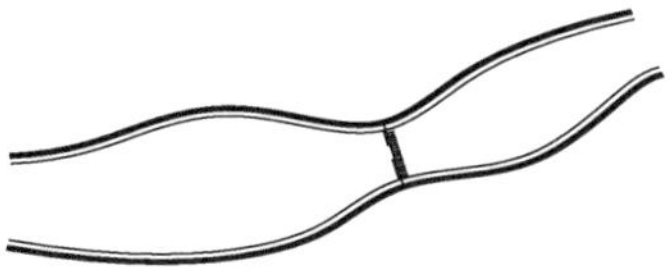	
4	旱涧	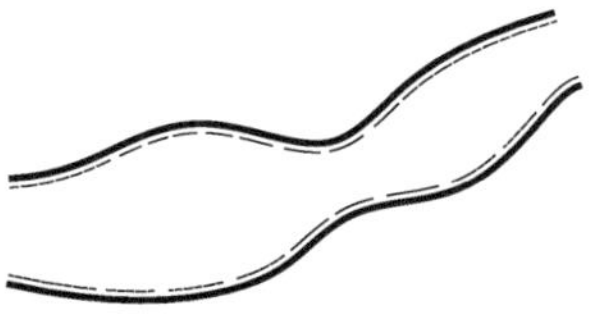	
5	溪涧	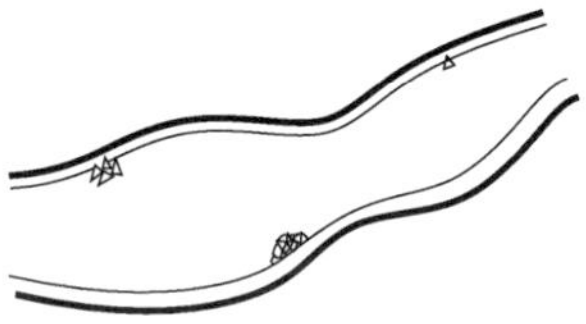	

附表 4 总平面图图例（摘自 GBJ 103—87）

图 例	名 称	图 例	名 称
	新设计的建筑物右上角以点数表示层数		围墙表示砖石、混凝土或金属材料围墙
	原有的建筑物		表示镀锌铁丝网、篱笆等围墙
	计划扩建的建筑物或预留地	320.20	室内地坪标高
	拆除的建筑物	163.00	室外整平标高
	新建地下建筑物或构筑物		原有的道路
	散状材料露天堆场		计划扩建的道路
	其他材料露天堆场或露天作业场		公路桥铁路桥
	露天桥式吊车		护坡
	门式起重机		烟囱

附表 5　构件及配件图例（摘自 GBJ 104—87）

序号	名　称	图　例	备　注
1	自然土壤		各种自然土壤
2	夯实土壤		夯实土壤
3	砂、灰土		靠近轮廓线绘较密的点
4	砂砾石、碎砖三合土		砂砾石、碎砖三合土
5	天然石材		岩层、砌体、铺地、贴面等材料
6	毛石		毛石
7	普通砖		1. 砌体、砌块等砌体。断面较窄不易绘出图例线时，可涂红； 2. 断面较窄，不易画出图例时，可涂红
8	耐火砖		包括耐酸砖等砌体
9	空心砖		包括多种多孔砖
10	饰面砖		包括铺地砖、马赛克、陶瓷锦砖、人造大理石等
11	坑槽		坑槽
12	墙预留洞	宽×高或 φ 底（顶或中心）标高	墙预留洞
13	墙预留槽	宽×高×深成 φ 底（顶成中心）标高：	墙预留槽
14	烟道		烟道
15	通风道		通风道
16	新建的墙和窗		新建的墙和窗
17	在原有墙或楼板上局部堵塞的洞		在原有墙或楼板上局部堵塞的洞

续表

序号	名　　称	图　　例	备　　注
18	空门洞		空门洞：h 门洞高度
19	单扇门 （包括平开或单面弹簧）		1. 门的名称代号用 M 表示； 2. 图例中剖面图左为外、右为内，平面图下为外、上为内； 3. 立面图上开启方向线交角的一侧为安装合页的一侧，实线为外开，虚线为内开； 4. 平面图上门线应 90°或 45°开启，开启弧线宜绘出； 5. 立面形式应按实际情况绘制
20	双扇门 （包括平开或单面弹簧）		
21	对开折叠门		
22	墙外单扇推拉门		1. 门的名称代号用 M 表示； 2. 图例中剖面图左为外、右为内，平面图下为外、上为内； 3. 立面形式应按实际情况绘制
23	墙外双扇推拉门		
24	墙内单扇推拉门		1. 门的名称代号用 M 表示； 2. 图例中剖面图左为外、右为内，平面图下为外、上为内； 3. 立面图上开启方向线交角的一侧为安装合页的一侧，实线为外开，虚线为内开； 4. 平面图上门线应 90°或 45°开启，开启弧线宜绘出； 5. 立面形式应按实际情况绘制
25	墙内双扇推拉门		
26	单扇双面弹簧门		
27	双扇双面弹簧门		

续表

序号	名　称	图　例	备　注
28	单扇内外开双层门（包括平开或单面弹簧）	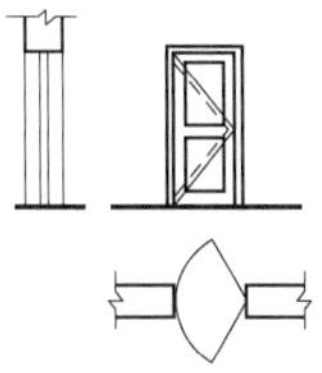	1. 门的名称代号用 M 表示； 2. 图例中剖面图左为外、右为内，平面图下为外、上为内； 3. 立面图上开启方向线交角的一侧为安装合页的一侧，实线为外开，虚线为内开； 4. 平面图上门线应 90°或 45°开启，开启弧线宜绘出； 5. 立面形式应按实际情况绘制
29	双扇内外开双层门（包括平开或单面弹簧）	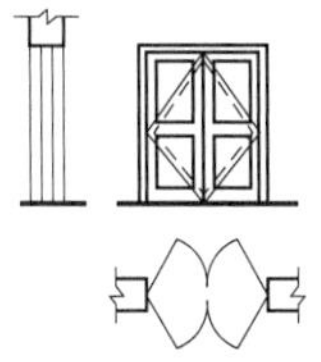	
30	转门	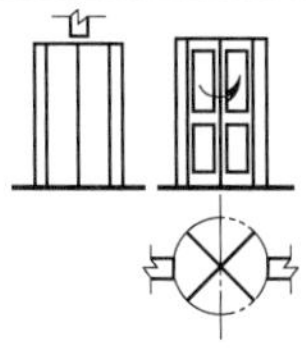	1. 门的名称代号用 M 表示； 2. 图例中剖面图左为外、右为内，平面图下为外、上为内； 3. 平面图上门线应 90°或 45°开启，开启弧线宜绘出； 4. 立面形式应按实际情况绘制
31	折叠上翻门	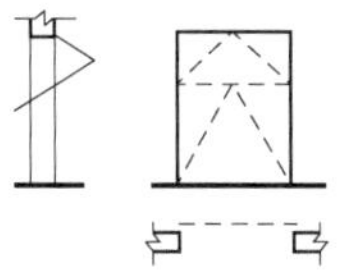	1. 门的名称代号用 M 表示； 2. 图例中剖面图左为外、右为内，平面图下为外、上为内； 3. 立面图上开启方向线交角的一侧为安装合页的一侧，实线为外开，虚线为内开； 4. 平面图上门线应 90°或 45°开启，开启弧线宜绘出； 5. 立面形式应按实际情况绘制
32	卷门	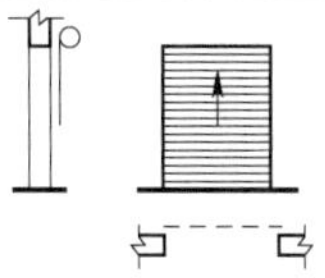	1. 门的名称代号用 M 表示； 2. 图例中剖面图左为外、右为内，平面图下为外、上为内； 3. 立面形式应按实际情况绘制
33	提升门	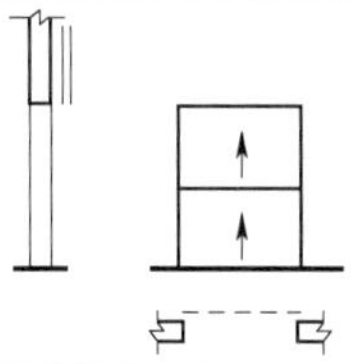	
34	单层固定窗	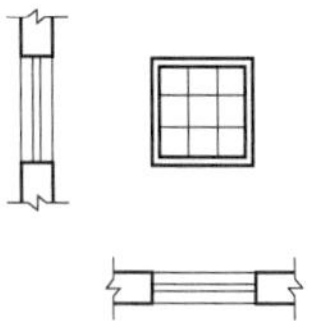	1. 窗的名称代号为 C； 2. 立面图中的斜线表示窗的开关方向，实线为外开，虚线为内开，开启方向线交角的一侧为安装合页的一侧，一般设计图中可不表示； 3. 剖面图上左为外、右为内，平面图上下为外、上为内； 4. 平、剖面图上的虚线仅说明开关方式，在设计图中不需表示； 5. 窗的立面形式应按实际情况绘制
35	单层外开上悬窗	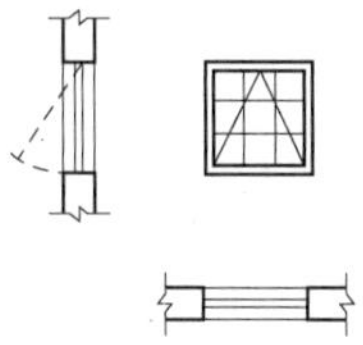	
36	单层中悬窗	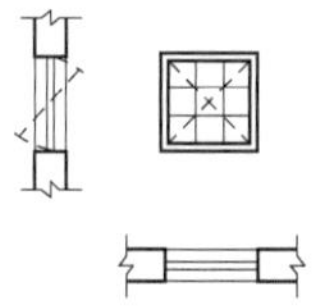	

序号	名　称	图　例	备　注
37	单层内开上悬窗		
38	单层外开平开窗	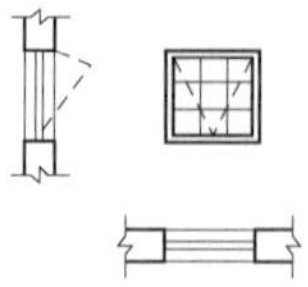	1. 窗的名称代号为C； 2. 立面图中的斜线表示窗的开关方向，实线为外开，虚线为内开，开启方向线交角的一侧为安装合页的一侧，一般设计图中可不表示； 3. 剖面图上左为外、右为内，平面图上下为外、上为内； 4. 平、剖面图上的虚线仅说明开关方式，在设计图中不需表示； 5. 窗的立面形式应按实际情况绘制
39	立转窗		
40	单层内开平开窗		
41	双层内外开平开窗		
42	左右推拉窗	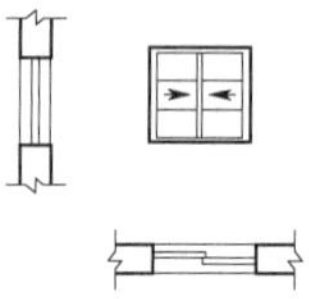	1. 窗的名称代号为C； 2. 剖面图上左为外、右为内，平面图上下为外、上为内； 3. 窗的立面形式应按实际情况绘制
43	上推窗		
44	百叶窗	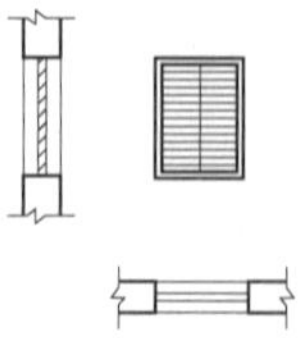	1. 窗的名称代号为C； 2. 立面图中的斜线表示窗的开关方向，实线为外开，虚线为内开，开启方向线交角的一侧为安装合页的一侧，一般设计图中可不表示； 3. 剖面图上左为外、右为内，平面图上下为外、上为内； 4. 平、剖面图上的虚线仅说明开关方式，在设计图中不需表示； 5. 窗的立面形式应按实际情况绘制

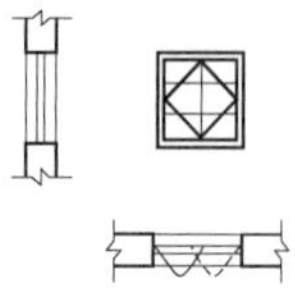

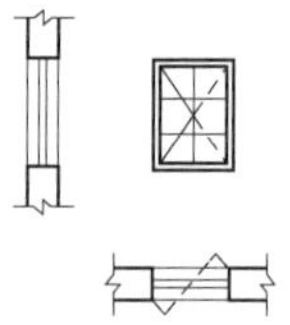

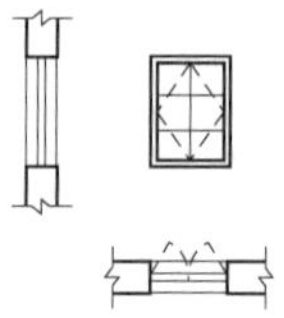

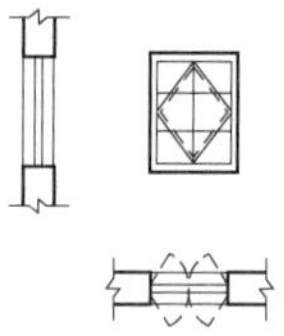

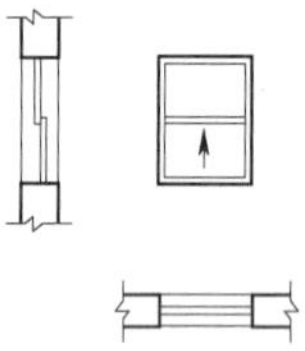

参 考 文 献

［1］ 吴丁丁. 园林制图. 沈阳：白山出版社，2002.

［2］ 周业生. 园林制图. 北京：高等教育出版社，2002.

［3］ 黄晖. 园林制图. 北京：气象出版社，2005.

［4］ 张树英. 园林制图. 北京：中国农业出版社，2003.

［5］ 王晓婷. 园林制图与识图. 北京：中国电力出版社，2009.

［6］ 字随文. 园林制图. 郑州：黄河水利出版社，2010.

［7］ 行淑敏. 园林工程制图. 西安：西北工业大学出版社，1993.

［8］ 宋安平. 建筑制图. 北京：中国建筑工业出版社，1997.

［9］ 王强. 景观园林制图. 北京：中国水利水电出版社，2008.

［10］ 谷康. 园林制图与识图. 南京：东南大学出版社，2005.